国家自然科学基金项目(51504095)资助

高突水危险矿井防治水技术

许延春　李国栋　著

U0353317

中国矿业大学出版社

·徐州·

内容提要

本书详细介绍了近几年作者及其团队在煤矿防治水技术、理论和工程应用方面的新成果,主要内容有高水压注浆加固防治水技术,高水压条件下"散、细、固、重"注浆工艺;综合防治工作面断层突水技术;通过压水工业性试验等研究巷道突水机理以及突水防治技术措施;注浆加固工作面"孔隙裂隙升降型"突水力学模型;底板岩体力学性质注浆增强与开采损伤程度实测方法;直流电法观测高突水危险工作面底板破坏深度的方法及空间定位方法;高突水危险矿井防治水保障技术措施;等等。

本书的编写注意理论性与实用性的结合,可供煤矿工程技术人员、从事水体上采煤的科技人员使用,也可以作为高等院校相关专业的教学参考书。

图书在版编目(C I P)数据

高突水危险矿井防治水技术 / 许延春,李国栋著
. — 徐州 : 中国矿业大学出版社,2022.3
ISBN 978 - 7 - 5646 - 4564 - 9

Ⅰ.①高… Ⅱ.①许… ②李… Ⅲ.①矿井水—防治
—研究 Ⅳ.①TD745

中国版本图书馆 CIP 数据核字(2020)第 219937 号

书　　名	高突水危险矿井防治水技术
著　　者	许延春　李国栋
责任编辑	潘俊成　王美柱
出版发行	中国矿业大学出版社有限责任公司
	(江苏省徐州市解放南路　邮编 221008)
营销热线	(0516)83885105　83884995
出版服务	(0516)83995789　83884920
网　　址	http://www.cumtp.com　E-mail:cumtpvip@cumtp.com
印　　刷	江苏凤凰数码印务有限公司
开　　本	787 mm×1092 mm　1/16　印张 13　字数 324 千字
版次印次	2022 年 3 月第 1 版　2022 年 3 月第 1 次印刷
定　　价	68.00 元

(图书出现印装质量问题,本社负责调换)

前　言

　　华北型石炭二叠系煤田基底普遍赋存奥陶纪或寒武纪厚层石灰岩,矿井水文地质条件复杂,煤炭资源的开采受底板承压水害威胁严重,突水事故频繁发生,严重制约着煤矿的安全生产。焦作煤田是我国著名的大水矿区,其新建成的赵固矿区具有底板含水层高水压、高突水危险、采深大、采高大的特点,自建井开始就面临严重的水患。矿区采用工作面底板注浆加固改造技术,通过多年的研究实践确保了矿井的安全生产,也取得了一些高水平的科研成果,形成了一套防治底板突水的关键技术。

　　本书以赵固矿区的科研实践成果为基础,介绍了底板注浆加固改造技术防治底板承压水突水灾害问题的新方法、新理论和新工艺,为煤矿技术人员、科研人员和高校师生提供一本实用性强并且有理论和实践的新颖性读物。

　　全书共分9章,其中,许延春撰写第1、2、6、7、8章内容,李国栋撰写第3、4、5、9章内容。由于我们水平所限,错误与不当之处,敬请读者批评指正。

　　本书得到了焦作煤业集团公司贾明魁、刘白宙、唐世界、韩久方和中国矿业大学(北京)刘世奇、谢小锋、李江华以及华北科技学院李见波等同志的鼎力相助,在此深表谢意。同时,感谢本书引用和转述的科技文献的作者。

著　者

2022 年 2 月

目　　录

1 研究背景

1.1 科学意义

华北石炭二叠纪煤田是我国重要的产煤区之一,其下组煤位于含水丰富的奥灰含水层或太原群灰岩含水层以上(部分为寒武纪石灰岩),中间隔水层厚 30～100 m,并且水文地质条件复杂,煤层底板突水危险性高。随着煤矿开采深度、开采强度、开采速度、开采规模的增加和扩大,来自底部高承压水的威胁日趋严重。河南省焦作煤田是我国著名的优质无烟煤产地,赋存丰富的华北型石炭二叠纪煤层,但焦作矿区也是全国著名的大水矿区之一,典型的华北型煤田,其下组煤位于含水丰富的奥灰含水层或太原群灰岩含水层以上,水文地质条件复杂,经常发生底板灰岩突水。历年来,焦作矿区发生 60 m³/h 以上的突水 500 余次,其中 600 m³/h 以上的突水 70 多次,最大一次突水为 19 200 m³/h,造成了巨大的安全问题和经济损失[1,2]。

焦作煤田的赵固矿区(赵固一矿和赵固二矿)为新建矿井,主采二₁煤层,平均煤厚 6.16 m,采深 500～800 m。底板主要受 L_8 灰、L_2 灰和奥灰含水层的威胁,其中 L_8 灰的水压为 6.3～7.09 MPa,突水系数为 0.23～0.27 MPa/m。L_2 灰与奥灰水压也达到 7 MPa,在如此复杂的水文、地质条件下,采用分层开采和一次采全厚,无疑会增加突水的危险。目前存在以下主要技术问题:① 迫切需要高水压条件下底板注浆技术、工程方案和施工工艺;② 注浆加固防治水的力学机理、渗流机理尚不完善或为空白;③ 缺少注浆加固工作面突水理论以及定量参数;④ 缺少底板注浆加固防治水矿井的综合性的关键技术。解决以上问题,对赵固矿区煤炭资源的开发应用和矿井安全生产以及提高矿井的经济效益将产生积极影响,还将有助于提升人们对复杂水文地质结构条件下矿井突水机理和深部高承压水上开采底板隔水层破坏规律及破坏形态的认识,并可以为深部矿井水害综合防治技术提供科学的参考依据。

1.2 国内外研究现状

1.2.1 底板突水机理研究

1.2.1.1 国外的研究

国外对煤层底板突水尤其是奥灰含水层的突水研究相对较早,波兰、匈牙利等国家很早就发现了煤层底板突水问题。20 世纪 40 年代,匈牙利科学家韦格首次提出了底板相对隔水层的概念,指出煤层底板突水与一些因素相关,这些因素中主要是底板隔水层厚度以及灰岩强隔水层的水压力。与此同时,一个有着进步意义的概念——相对系数(即隔水层厚度和水压力的比值)应运而生,并明确了突水判据临界值。60 年代初,匈牙利科研人员对以"保护层"为中心的突水理论进行了相关研究,并在 80 年代对煤层底板的应力状态和底板完整性进行了相关研究,匈牙利国家矿山研究院利用数值计算和原位地应力测试的方法评价了煤层底板的稳定性[3]。

20 世纪 40 年代至 50 年代,苏联学者 A.A.Bopncob 通过采用相似材料建立三维模型研究了煤层开采后底板岩层的变形过程,通过静力学理论对承压水作用下煤层底板的破坏机制进行了基础研究。苏联学者 B.斯列萨列夫将煤层底板视为两端固定的承受均匀载荷作用的梁,利用强度理论推导出了底板理论安全水压值的计算公式[式(1-1)],虽然考虑因素不太周全,但开创了采用力学观点进行研究底板突水的先例,具有重要意义[4]。

$$P_0 = 2K_p h^2 / L^2 + \gamma h \tag{1-1}$$

式中,K_p 为隔水层的抗张强度;L 为工作面巷道宽度或最大控顶距;γ 为底板隔水层的平均重度;h 为底板隔水层的厚度;P_0 为底板所能承受的理论安全水压值。

世界一些主要采煤国家的许多学者在开采过程对自然环境的修复与环境影响等方面开展了大量的研究,在注重研究煤矿开采过程中水害防治的同时,逐步增加开采引起的环境影响方面的研究。在矿井水害防治方面,澳大利亚的一些学者主要对地下水运移的数学模型进行了深入研究[5]。20 世纪 70 年代至 80 年代末期,C.F.Santos(桑托斯)等人在研究矿柱的稳定性时对底板的破坏机理进行了重点研究,主要基于改进的 Hoek-Brown 岩体强度准则,并引入临界能量释放点的概念(取决于岩石性质与承受破坏应力前岩石已破裂的程度和与岩体指标 BMR 相关的无量纲参数 m、s),分析了底板的承载能力。20 世纪 90 年代,Derek Elsworth 建立了渗流场固液耦合模型,主要通过将似双重介质岩石格架的位移转移到裂隙上,然后根据裂隙渗流服从立方定律的关系建立了模型,并开发了有限元计算程序,得到了广泛应用[6];N.A.多尔恰尼诺夫等学者认为,在深部开采高应力作用下,底板岩体主要以裂隙渐进扩展并发生沿裂隙剥离和掉块的形式破坏,从而导致底板导水裂隙和底板高压水含水层导通,造成矿井底板突水[7.8]。

1.2.1.2 国内的研究

我国对底板突水机理的研究主要是基于工作面的突水情况,但对巷道突水防治同样具有指导意义。在 20 世纪 60 年代,我国学者首次提出了突水预测的标准——"突水系数"[9],即水压力与极限隔水层厚度的比值:

$$T_s = p/M \tag{1-2}$$

式中,T_s 为突水系数;p 为含水层水压;M 为隔水层厚度。

20 世纪 70~80 年代,煤炭科学研究总院西安分院水文所从隔水层厚度中减去了矿压对底板的破坏,刻画了实际物理概念模型,但未总结出大家普遍认可的临界突水系数:

$$T_s = \frac{p}{M - C_P} \tag{1-3}$$

式中,T_s 为突水系数;p 为含水层水压;M 为隔水层厚度;C_P 为矿压对底板的破坏深度。

20 世纪 80 年代后期,随着煤矿开采深度越来越大,底板突水问题日益严重,因此工程技术及科研人员也逐渐深入地研究了底板突水机理。中科院地质所、山东矿业学院、煤炭科

学研究总院西安分院、中国矿业大学、煤炭科学研究总院北京开采所等机构都做了大量细致的研究工作,并取得了显著的成果。山东矿业学院特采所李白英等提出的"下三带"理论,揭示了底板突水的基本内在规律,得到了广泛应用。煤炭科学研究总院西安分院提出的"岩-水应力耦合说",揭示了突水发生过程的动态机理,但未对承压水再导生高度和采动导水裂隙带及岩体的抗张强度等问题给出定量结论。煤炭科学研究总院北京开采所刘天泉院士等提出的"板模型"理论发展了底板突水理论,并且首次采用板结构对底板突水机制进行研究,但底板隔水带一般并不能完全满足薄板厚宽比不大于 $1/5 \sim 1/7$ 的条件,因此只有在较薄隔水层条件下才能应用;另外,由于该理论并未考虑承压水导水带与渗流的作用,因此应用范围受到一定的限制。此外,近年发展起来的用于深部煤层底板突水机理研究的理论主要有北京开采所的"原位张裂与零位破坏"理论和中科院地质所的"强渗透通道"学说等[10-12]。

除上述研究成果之外,还有很多的科研人员做了不少的工作并取得了相应的成果。彭苏萍院士研究了中国东部煤矿高承压水上安全开采技术[13]。高延法等对突水类型划分、突水优势面、水压在突水中的力学作用等方面进行了相应的研究。肖洪天等利用几何损伤力学理论研究了煤层底板损伤破坏突水机理[14]。魏久传将岩体损伤与稳定性研究相结合,形成了统一的动态损伤-稳定理论,该理论考虑了时间效应、蠕变机制,并且引用流变理论对煤层底板裂隙起裂扩展的断裂力学进行了分析,对煤层底板突水做出了相应的探索性研究[15]。刘伟韬等运用 FLAC^{3D} 研究了煤层底板断裂滞后突水的机理[16,17]。缪协兴等考虑到煤矿采动破碎岩体高渗透性和非达西流等特性,建立了相应的渗流理论,即能够描述采动岩体随机性和渗流非线性特征的渗流理论[18]。刘爱华等通过相似物理模型试验系统,研究深部采矿时水压力、复杂应力及采动影响等联合作用下岩体发生的受力、变形以及破坏过程,模拟和测试水的渗流与突变等宏细观运移规律,进而从理论上分析不同水压力、应力场与采矿活动等对采场安全的影响[19]。

1.2.2 防治水技术的研究现状

1.2.2.1 探测及预测预报

在探测方面,目前基于超前预测的探测技术主要有物探与钻探方法,其中物探方法主要有瞬变电磁勘探、三维地震勘探、电法探测、无线电波坑透仪和音频透视仪等方法[20]。基于底板破坏深度、巷道松动圈的探测方法有电磁波法、电法探测、钻孔注水法、钻孔声波法、震波 CT 技术、应力应变技术、超声成像法、直流电阻率 CT 探测法等。每种探测方法都有探测范围、探测区域、探测精度、经济费用、工作量和花费时间等问题,应合理地配合使用[21,22]。

在底板突水预测预报方面,前面讲到的突水系数法、"下三带"理论等都有相应的成套预测评价技术。除此之外,根据工程科学和自然科学等领域发展起来的一些软科学方法,如人工神经网络、随机理论、模糊数学、专家系统等,专家们提出了许多不同类型的预测预报系统[23]。例如,张敏江等(1992)等开发的煤层底板突水预报专家系统(简称 WIFDCM 系统);张大顺等(1996)开发的突水预测地理信息系统(简称 GIS 系统);武强等提出的脆弱性指数法,是基于 GIS 与神经网络、证据权重法、Logistic 回归和层次分析法的耦合来划分出底板突水危险区的预测评价方法,并建立了华北型煤田矿井防治水决策系统[24]。这些泛决策分

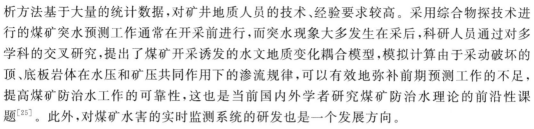

析方法基于大量的统计数据,对矿井地质人员的技术、经验要求较高。采用综合物探技术进行的煤矿突水预测工作通常在开采前进行,而突水现象大多发生在采后,科研人员通过对多学科的交叉研究,提出了煤矿开采诱发的水文地质变化耦合模型,模拟计算由于采动破坏的顶、底板岩体在水压和矿压共同作用下的渗流规律,可以有效地弥补前期预测工作的不足,提高煤矿防治水工作的可靠性,这也是当前国内外学者研究煤矿防治水理论的前沿性课题[25]。此外,对煤矿水害的实时监测系统的研发也是一个发展方向。

1.2.2.2 治理技术

关于底板突水的治理,国外介绍注浆技术的比较多。1864 年,阿里因普瑞贝硬煤矿的一个井筒第一次使用了水泥注浆法,至今已有 100 多年的历史。水泥注浆法在很多国家的底板突水治理中得到了广泛应用[26]。

在国内,郭惟嘉等指出,在浅部水头压力较低时,可采用疏水降压的办法,还可以用外截内排的方法;在中部和深部,不允许采用疏水降压的方法时,可实行"带压开采",但必须采取底板注浆加固或改革采煤方法和工艺,减小压力作用造成的底板破坏,相对增大完整隔水层厚度和隔水能力,降低突水危险性[27]。杨善安指出,可通过特殊开采与矿井水文地质相结合的方法防治底板断层突水[28]。特殊开采中最常用与有效的方法是缩短工作面尺寸,矿井水文地质方法主要有留设防水煤岩柱、疏水降压、注浆堵水以及底板断裂薄弱带加固等方法和手段。其中,注浆加固技术是一项发展迅速、应用广泛的方法,特别是在注浆材料和注浆方法技术、钻探手段、注浆机具与设备、注浆工艺等方面提升迅猛[29]。

1.2.3 底板注浆加固技术

1.2.3.1 底板注浆加固技术简介

当工作面突水系数大于临界突水系数时,一般可采取两种防治水措施。一种是采用疏水降水压的方法,降低突水系数,实现安全开采。但是当含水层富水性强、补给性好时,会遇到难以疏降水压、排水量大、费用高、疏降时间长等问题,因此目前很少有矿井采用该方法疏降奥灰或与奥灰有直接水力联系的含水层。另一种是采用底板含水层改造与隔水层加固的注浆治水方法,可通过增加隔水层厚度,降低突水系数,减少矿井突水危险性,具有效果显著、工程规模灵活、技术可行等优点,目前被大水矿区地质条件允许的矿井普遍采用。

底板注浆加固技术是利用采煤工作面已掘出的上通风巷道和下运输巷道,应用地球物理勘探或钻探等手段,探查工作面范围底板岩层的富水性及其裂缝发育状况,设计加固工程参数,采用注浆措施改造含水层和加固隔水层,使它们变为相对隔水层或进一步提高其隔水性。注浆站可以建在地面也可以建在井下,注浆材料可以选择水泥、黏土水泥浆、粉煤灰水泥浆等。当前,随着水泥等原材料的过度消耗,对环境造成了严重污染,国内外材料科学工作者开始致力于工业废渣的资源化利用,研制开发新型绿色注浆材料[30]。

1.2.3.2 底板注浆加固工程实践

1984 年,肥城矿区首先开展底板含水层注浆改造工程试验,随后河北峰峰和河南焦作等矿区引进该技术。经过 30 多年的发展,无论是注浆堵水先期条件勘查,还是工程工艺、设备配套及材料等都有长足发展。底板注浆加固技术经历了地面打孔、地面注浆和井下打孔、井下注浆两个发展阶段,现已实现了井下大面积打孔地面连续注浆的新工艺,形成了成熟的注浆改造技术。焦作矿区 1999 年引进煤层底板注浆改造技术,至今已在多个矿井成功应

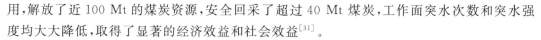

用,解放了近 100 Mt 的煤炭资源,安全回采了超过 40 Mt 煤炭,工作面突水次数和突水强度均大大降低,取得了显著的经济效益和社会效益[31]。

1.2.3.3　底板破坏深度的计算

工作面底板导水破坏带深度(以下简称"底板破坏深度")是设计防水安全煤岩柱、评价底板突水危险性及确定底板注浆加固深度等的关键参数。底板注浆加固工作面与未加固工作面的底板破坏深度采用相同的公式。

《建筑物、水体、铁路及主要井巷煤柱留设与压煤开采规范》中给出了 3 个工作面底板破坏深度的统计计算公式和 2 个理论计算公式。李振华利用支持向量机(SVM)法预测了底板破坏深度,首先选取尽量多的底板破坏深度实测样本,用来建立底板破坏深度模型(即训练样本),然后选取需要预测的少量样本分别用多项式核函数、RBF 核函数和 Sigmoid 核函数进行预测,选取最优的作为预测模型的核函数,最后分别用网格搜索算法(GS)、遗传算法(GA)和粒子群算法(PSO)进行预测,选择最优的预测结果[32]。

1.2.3.4　底板破坏深度的探测方法

对于高突水危险的工作面,观测钻孔可能成为导水通道,必须采用封孔的观测方法,为此发展了直流电法观测法。具体做法是在工作面底板布置观测钻孔,钻孔中安装专门电极电缆(一般电极间距为 2 m)形成电极观测线,采用对称四极电剖面法。观测开采前后底板岩体的视电阻率变化,从而反映岩体裂隙(缝)的产生和发展。成果解释选择电缆下面的地质点,选取岩层电阻率值一般是正常值的 1.5 倍作为底板破坏深度的边界,形成了直流电法观测和空间定位解释方法[33]。

1.2.3.5　理论研究方法

中国矿业大学(北京)研制突水地质力学试验平台,进行底板突水及加固效果的相似模拟试验,可得出顶底板的破坏规律、视电阻率变化规律和底板岩层应力分布规律。试验表明,通过对底板进行注浆加固,改良底板隔水岩层结构和提高岩层强度,能够积极有效地防治底板突水事故。

科研人员对工作面底板突水的机理进行了大量研究,但对于注浆加固后的工作面底板突水的机理研究相对较少,尚没有形成相应的理论。参考孔隙裂隙弹性理论对双重孔隙介质的划分[34],许延春等提出了注浆加固工作面突水"孔隙-裂隙升降型"结构力学模型[35]。

1.3　工程背景

1.3.1　赵固矿区地理条件

1.3.1.1　地理位置

赵固矿区包括赵固一矿和赵固二矿。赵固矿区西南距焦作市 50 km,东南距新乡市 39 km,行政区域隶属河南省辉县市管辖。井田走向长 2.0～5.5 km,倾斜宽 9.5～11.0 km。矿区与新乡市、焦作市、辉县市、获嘉县均有柏油公路相通,经薄壁至山西省也有公路相连,往南距新焦铁路获嘉火车站 23 km。全区地势平坦,乡村公路纵横成网,交通甚为方便,交通位置如图 1-1 所示。

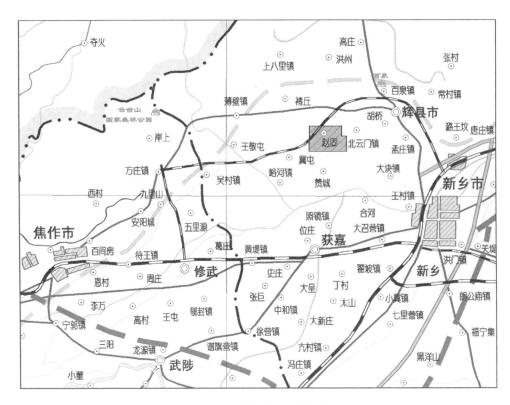

图 1-1　赵固矿区交通位置图

1.3.1.2　赵固一矿简介

赵固一矿井田位于新乡、焦作两市交界地带,煤田划分属焦作煤田。2009 年 5 月正式投产,2012 年核定生产能力为 415 万 t/a。矿井采用立井单水平盘区开拓方式,实现全井田单翼盘区开采,采用走向长壁倾斜分层全部垮落式采煤方法、综采工艺。矿井前期采用中央并列式通风,逐渐过渡为中央对角式通风。

1.3.1.3　赵固二矿简介

赵固二矿井田东西长约 15 km,南北宽 2～5.5 km,总面积 69 km²。矿井设计生产能力为 180 万/a。赵固二矿采用立井单水平盘区开拓方式,在工业广场内布置主、副、风三个立井。全井田实行盘区前进、工作面后退式开采。工作面采煤为两次分层开采和一次采全高综采,全部陷落法管理顶板。

1.3.1.4　主采二₁煤层

二₁煤层赋存于山西组下部,上距砂锅窑砂岩(S₈)45.64～81.25 m,平均为 60.18 m;下距 L₈ 石灰岩 19.65～40.24 m,平均为 27.01 m,层位稳定。煤层直接顶板以砂质泥岩、泥岩为主,间接顶板为细-粗粒砂岩(大占砂岩);底板多为砂质泥岩和粉砂岩,局部为细粒砂岩,偶见炭质泥岩。煤层厚度为 4.73～6.77 m,平均为 6.16 m,主要集中在 6.00～6.50 m 之间。井田内见煤的 22 个钻孔中,有 12 个钻孔含夹矸,其中含 3 层夹矸的有 1 个钻孔(12803),含 2 层夹矸的有 1 个钻孔(13601),含 1 层夹矸的有 10 个钻孔。夹矸厚度为 0.10～0.53 m,平均厚度为 0.19 m。夹矸多为泥岩,居于煤层中下部。

二₁煤层厚度大,变化小,结构比较简单,煤质变化很小,煤类单一,层位稳定,全区可采。二₁煤层可采性指数 $Km=1$,标准差 $s=0.51$,变异系数 $\gamma=8.27\%$,属稳定型厚煤层。

1.3.1.5 地层

井田属第四系、新近系全掩盖区。本区赋存地层主要有奥陶系中统马家沟组、石炭系上统本溪组和太原组、二叠系下统山西组和下石盒子组、第四系、新近系,其中石炭系上统太原组和二叠系下统山西组为主要含煤地层。

1.3.2 赵固矿区水文地质条件

1.3.2.1 区域水文条件

（1）概述

赵固矿区处于焦作煤田,地处太行山复背斜隆起带南段东翼,地层走向 N60°E,倾向SE,倾角为 8°～12°,呈地堑、地垒、掀斜断块等组合形式,以断裂构造为主,主要有 NEE、NW、EW 向三组断裂。区内寒武系、奥陶系石灰岩岩溶裂隙发育,为地下水提供了良好的储水空间和径流通道,受构造控制,岩溶地下水总体流向在峪河断裂以北为 SE、SW 向,以南为 SE 向,局部流向稍有变化,如在朱村断层影响下,地下水出现向 NE 方向的迹象。一般在断裂带附近岩溶裂隙发育,常常形成强富水、导水带,如凤凰岭断层强径流带、朱村断层强径流带、方庄断层强径流带、马坊泉断层强径流带和百泉断层强径流带等,成为焦作煤田内诸矿区、井田的补给边界。

（2）岩溶地下水的补给、径流与排泄

大气降水为焦作煤田岩溶裂隙水的主要补给来源,西部、北部裸露山区广泛出露的石灰岩是岩溶地下水良好的补给场所,属九里山岩溶水系统,补给面积约 4 900 km²,天然资源量为 38 541 万 m³/a。其中,灰岩裸露补给区面积 1 395 km² 接受大气降水补给,河流及水库渗入补给量为 26.28 m³/s。

在天然状态下,补给区地下水水力坡度为 11‰,径流区的水力坡度为 5‰,进入煤田后水力坡度为 2‰～0.44‰。东井交断层至黄水河断层北侧的分水岭和纸坊沟以北的夺火乡至峪河口地下分水岭将九里山岩溶水系统分为北部的百泉岩溶水子系统、中部的十里河岩溶水子系统和南部的双头泉岩溶水子系统。双头泉岩溶水子系统的石灰岩裸露区为焦作矿区岩溶水的直接补给区;十里河岩溶水子系统与百泉岩溶水子系统的石灰岩裸露区是峪河断裂以北各勘探区的补给区,赵固矿区即处于该区的径流排泄区内。薄壁断层为一条区域阻水断层,对十里河岩溶水子系统石灰岩裸露区的水向峪河断裂以北的各勘探区径流具有阻隔作用。

天然状态下的地下水排泄,一部分沿山前冲洪积扇形成泉群,泉排量为 3.14～14.3 m³/s,其中九里山泉群流量为 9.2 m³/s,陨城塞间歇泉流量为 2.4 m³/s,百泉泉最大流量为2.32 m³/s;另一部分向深部循环径流。由于焦作煤田补给面积大,岩溶裂隙发育,因此九里山岩溶水系统具有巨大的调蓄功能,储存资源约为 88.73 亿 m³。

20 世纪 60 年代以后,随着矿井排水和城市供水、工业用水等用水量增加,地下水以人工排泄为主,西部、北部泉群相继出现干涸现象。

1.3.2.2 二₁煤层底板主要含水层

（1）中奥陶统灰岩岩溶裂隙含水层

由中厚层状白云质灰岩、泥质灰岩组成,本区揭露最大厚度为 100.79 m,一般为 8～12 m,含水层顶板埋深 437.26～834.61 m,上距二₁煤层 118～142 m。该含水层岩溶裂隙发育,正常情况不影响煤层开采,断裂沟通情况下对矿井安全生产威胁大。据 12203 孔抽水资料,单位涌水量为 0.243 L/s·m,渗透系数为 0.696 m/d,原始稳定水位标高为 +87.74 m,矿化度为 0.276 g/L,水质类型为 HCO_3-Ca·Mg 型。目前水位标高为 +79.16 m。

（2）太原组下段灰岩含水层

主要由 L_2、L_3 灰岩组成,其中 L_2 灰岩发育较好,一般厚度在 15 m 左右,上距二₁煤层 96～101 m。据 18 个钻孔统计,该含水层出现涌（漏）水钻孔 3 个,涌（漏）水钻孔主要分布在断层两侧,其中 6809 孔涌水量为 4.0 m³/h,水位标高为 +86.20 m。邻区 6002 孔抽水时,单位涌水量为 1.09 L/s·m,渗透系数为 9.87 m/d,为富水性较强的含水层。该含水层直接覆盖于一₋₂煤层之上,为一₋₂煤层直接充水含水层。上距二₁煤层 96.49～101.37 m,正常情况对二₁煤层开采没有影响。

（3）太原组上部灰岩含水层

主要由 L_8、L_7 灰岩组成,其中 L_8 灰岩发育较好。据揭露该灰岩含水层的 36 个钻孔统计,含水层厚度平均为 8.75 m,岩溶裂隙较发育。在揭穿该含水层的 34 钻孔中,漏水孔有 6 个,占揭露总孔数的 17.7%,漏水钻孔主要分布在露头附近,漏水量为 0.12～12.0 m³/h。单孔抽水试验涌水量为 0.004 9～0.207 L/s·m,渗透系数为 0.047 54～3.952 5 m/d;大 1 孔抽水单位涌水量为 0.207 L/s.m,渗透系数为 3.952 5 m/d。

该含水层原始水位标高为 +87.92～+88.85 m,水化学类型为 HCO_3-Ca·Mg 型,矿化度为 0.30～0.45 g/L,pH 值为 7.7～8.35。该含水层上距二₁煤层 26.00～48.72 m,为二₁煤层底板主要充水含水层。

1.3.2.3 二₁煤层底板隔水层

（1）本溪组铝质泥岩隔水层

该隔水层位于奥陶系含水层之上,全区发育。据勘查和生产揭露,厚度为 3.57～19.05 m,平均为 11.73 m,具有良好的隔水性能,在厚度较薄或构造部位隔水性会降低。

（2）太原组中段砂质泥岩隔水层

指 L_4 顶至 L_7 底之间的砂质泥岩、薄层灰岩及薄煤等岩层,厚度为 28.94～53.25 m,为太原组上下段灰岩含水层之间的主要隔水层,是阻挡 L_2 灰岩水补给 L_8 含水层的重要隔水层。

（3）二₁煤层底板砂质泥岩隔水层

指二₁煤层底板至 L_8 顶板之间的砂质泥岩互层段。该段上部以细粒砂岩为主,下部则以黑色块状泥岩为主,总厚度为 18.37～39.70 m,一般厚度在 28 m 左右,正常情况下可阻隔 L_8 灰岩水进入矿坑。

2 高水压工作面底板加固技术

2.1 工作面注浆加固系统

2.1.1 注浆系统

2.1.1.1 工程实例简介

下面以赵固二矿 11050 工作面为例,该工作面突水危险性高,而 L_2 灰岩和奥陶系灰岩在有断裂构造影响的情况下,对工作面影响较大,因此必须对 11050 工作面煤层底板进行注浆改造。采用水泥、黏土等材料对底板进行了加固,在工作面前 500 m 共注水泥 6 090.85 t、黏土 5 491.61 t,合计注干料 11 582.46 t,注浆加固为 11050 工作面回采提供安全保障,同时也为以后其他工作面底板注浆加固提供借鉴。

2.1.1.2 注浆工艺流程

整个注浆工艺如图 2-1 所示。

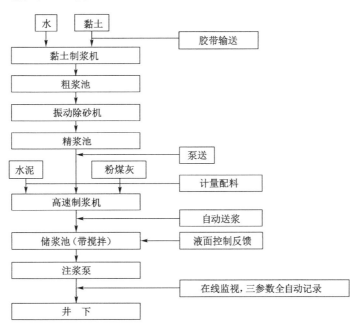

图 2-1 注浆工艺流程图

2.1.1.3　制浆及注浆管路的布置

本次注浆采用浙江杭钻机械制造股份有限公司生产的矿用地面注浆站。该注浆站的最大优点是系统内配置有高速制浆机,将分散机工作原理引入到煤矿注浆系统中来,可使水泥浆液得到充分的循环和翻动,制成的水泥浆液分散性好,流动性强,浆液细腻,浆液中没有水包灰或灰包水现象,浆液进入岩层裂隙中不易堵塞裂隙,扩散范围大。

注浆管使用外径 $\phi60$ mm、壁厚 8 mm 的高压流体管及与其相配套的接头和钢丝高压胶管。使用前须按照注浆终压标准作耐压试验,合格后方可使用。钢丝高压胶管采用外径 $\phi60$ mm 的高压胶管,抗压强度大于 20 MPa。

注浆管路在巷道中的铺设采用地沟架设方式铺设,管路要做防腐处理,地沟须盖上盖板。管路在井下巷道中的摆放形式如图 2-2 和图 2-3 所示。注浆管在井下巷道中须布置在人行道的对侧,放置于巷道底板或固定于人行道对面的巷道帮上,以防止注浆时注浆管弹跳及漏浆伤人。当穿过防治水设施时应按照该设施的管路布设要求连接,不得造成隐患。软硬管间连接时要有防止高压胶管接头脱扣崩出伤人的措施。

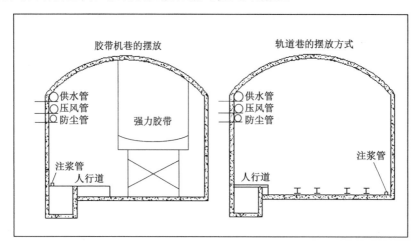

图 2-2　井下巷道注浆管路摆放图

2.1.2　底板加固方案设计

2.1.2.1　底板加固范围的确定

当工作面采高为 5.62 m 时,根据理论计算,无断层情况下预计底板破坏深度范围为 20～34 m,底板最大破坏深度距工作面端部的距离为 25.76 m,煤层塑性区的宽度为 16.41 m;在有断层情况下,预计底板破坏深度范围为 30～51 m,底板岩体最大破坏深度距工作面端部的水平距离 L 为 38.45 m。

根据煤层开采后底板破坏理论计算结果及工程经验,同时结合 11050 工作面底板含水层情况和二$_1$煤距 L$_8$ 灰岩底板间距平均为 35.5 m 的实际情况,决定设计所有钻孔注浆深度达到二$_1$煤层底板下垂距 85 m 左右。

2.1.2.2　注浆钻场及钻孔的布置

11050 工作面底板最终注浆钻孔布置如图 2-4 所示。

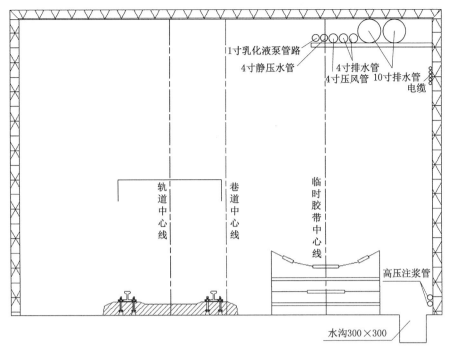

图 2-3　11050 工作面回风巷管路摆设图

（1）钻场的设计

钻场布置在工作面运输巷的上帮和工作面回风巷的下帮，每隔 100 m 施工一个钻场，每个钻场布置 4 个孔，分序次施工。11050 工作面布孔以斜孔为主，故设计钻场尺寸（长×宽×高）为 5 m×5 m×3.8 m。

（2）注浆孔布设的原则

① 首先按常规浆液扩散半径 20 m 均匀布设，力求使浆液在该面的注浆改造覆盖率接近 100%；然后对断层带和低阻异常区进行重点加固。

② 以斜孔为主，使注浆孔揭露的含水层段尽量长。

③ 注浆孔设计方向尽量和断裂构造的发育方向垂交或斜交，尽可能多地穿过裂隙。

④ 对裂隙的发育地带和断层的交叉、尖灭、拐弯地段以及工作面初压显现地段和褶曲构造的轴部均应重点布孔。

⑤ 注浆孔分三个序次施工，完成一个注一个，以免串浆。完成第一序次后，再施工第二序次的注浆孔。全部注浆结束后，视注浆孔水量和进浆情况确定补打第三序次的检查孔，检查孔个数不得少于前两序次之和的 20%。

（3）注浆钻孔的布置

设计 11050 工作面底板加固改造工程共布置钻场 42 个，每个钻场布置 4 个孔，另外在断层破碎带及切眼附加密布置钻孔 16 个，共设计钻孔 184 个，预计钻探总进尺 27 600 m，根据注浆加固过程中的水文地质情况酌情增、减底板注浆孔布置数量或更改单孔设计。11050 工作面中切眼掘成后根据实际揭露情况再另行设计注浆孔。

11050 工作面前 500 m 共设计 12 个钻场，每个钻场有 4 个底板改造孔和 2 个检验钻

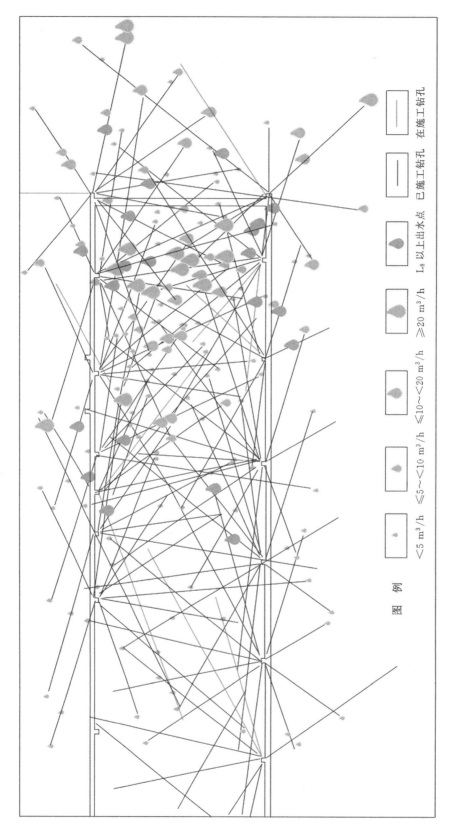

图 2-4 11050 工作面底板注浆改造钻孔布置及钻孔出水情况

孔,合计 72 个钻孔,每孔平均进尺 170 m,合计设计进尺 12 240 m。

实际施工中,根据钻孔水量及注浆情况对富水区域增加注浆钻孔。截至 2011 年 11 月 20 日,11050 工作面前 500 m 底板改造工程共施工完成注浆钻孔 137 个,合计进尺 23 845.10 m。另外,在施工中由于地质条件及施工原因,造成有些钻孔报废。为保证工程质量,应及时增补新钻孔,增补钻孔情况见表 2-1。

表 2-1　11050 工作面前 500 m 增补钻孔明细表

注浆量少	增补孔	注浆量少	增补孔
上内 17-1	上内 18-2	上内 18-1	上内 19-1 新
上内 18-5	上内 17-8	上内 20-4	上内 18'-5
上内 22-2	上内 22-7	上内 22-3	上内 22-4
下内 20-2	下内 20-1	下内 20-5	下内 20-7
下内 21-8	下内 21-7	下内 22-3	下内 22-9
下内 22-8	下内 22-2		

2.1.2.3　设计终孔压力的确定

设计注浆终孔压力理论推算为工作面水压值的 2.0 倍,即 $2.0 \times 7.09 = 14.18$ MPa。本工作面注浆孔设计终孔压力为 15 MPa,高于理论终孔压力。

2.2　"散、细、固、重"超高压注浆工艺

底板加固工程是保障工作面安全生产的关键,为了在高突水危险、高水压条件下有效注浆,科研人员总结出了"分散制浆、细管输浆、双重固管防喷和反复透孔注浆"为主要内容的新注浆方法。

2.2.1　分散制浆

2.2.1.1　分散制浆机

分散制浆机制成的水泥浆液分散性好,流动性强,浆液细腻,浆液中没有水包灰或灰包水现象,浆液进入岩层裂隙中不易堵塞裂隙,扩散范围大,可提高单孔注浆量,减少注浆钻孔数量。分散制浆机是注浆系统的核心设备(图 2-5),可使水泥浆液得到充分的循环和翻动,高速叶片能将水泥中的颗粒打碎,使水与水泥充分混合,水泥微粒所带的电荷重新分布,减少水泥微粒间的相吸力,水泥微粒不易聚合成颗粒。

2.2.1.2　制浆系统

经多方考察,采用浙江杭钻机械制造股份有限公司生产的矿用地面注浆系统。该系统制成的浆液密度控制在 $1.1 \sim 1.7$ g/cm³ 之间,适应范围大,注浆效率高,每小时能注 8.8 t 水泥,而且自动化程度高,完全能满足回风斜巷断层破碎带注浆加固的需求。

注浆流程如图 2-6 所示。

2.2.1.3　浆液配比

含水层中裂隙发育,注浆封堵裂隙是主要目的。为保证进浆量和扩散半径及封水效果,

图 2-5　分散制浆机

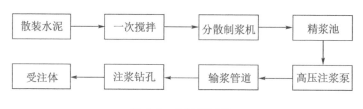

图 2-6　注浆流程图

浆液采用单液浆水泥。根据注浆钻孔的出水量和吸浆量及时调整浆液密度,实际注浆过程中,浆液水灰比控制在3∶1～1.5∶1之间,密度在1.20～1.37 g/cm³之间。

2.2.2　细管输浆

为防止堵管,保障注浆连续作业,研究加快浆液在输浆管中的传输速度,减少在管中停留的时间,将原来3寸的输浆管改为1.5寸的输浆管。输浆管直径缩小,浆液流速加快,浆液在输送过程中的沉淀现象减少,避免或减少浆液堵管现象的发生。

2.2.3　双重固管防喷

2.2.3.1　三级法兰盘结构

在高水压条件下,仅用一级法兰盘结构存在套管脱出、爆裂、变形和漏浆等问题。针对这个问题研究出三级法兰盘结构,即在下入每级止水套管时都装法兰盘,将各级法兰盘串联起来使用,以增强止水套管的抗压、抗拉强度,可有效地防止高压注浆过程中出现的套管问题。三级法兰盘结构组成如图2-7所示。

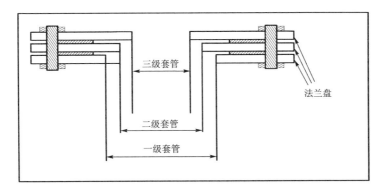

图 2-7 三级法兰盘结构示意图

2.2.3.2 复式固管法

复式固管法是针对岩层中存在高压渗水而研究的注浆固管工艺,其原理是利用水泥水玻璃双液浆凝固快的特性,对止水套管外环状间隙进行双向多次重复注浆,使止水套管外环状间隙逐步充填密实,确保止水套管能承受 15 MPa 的注浆压力。

2.2.3.3 一级止水套管

钻孔施工到一级止水套管深度后,首先进行冲孔,将孔内岩粉、岩石碎块冲洗干净,开始下一级止水套管。因钻孔缩径速度快,为保障止水套管能下够设计长度,在第一根止水套管前端开水口并镶嵌合金,用钻机向孔内下止水套管。止水套管下到设计深度后,向管内压入清水,冲洗止水套管外壁与孔壁间的岩粉,以提高固管质量。

固管前在止水套管与孔壁间下入 0.5 m 长注浆管,管径为 13.5 mm,在套管和孔壁间塞入布条,以防漏浆。向止水套管与孔壁间环状间隙内压入水泥水玻璃速凝双液浆,水灰比为 0.75：1,水泥浆与水玻璃体积比为 1：1,水玻璃浓度为 45 Be。待套管内流出浓稠浆液后,关闭注浆管上的阀门进行凝固(图 2-8)。

凝固 24 h 之后,扫孔至孔底,向止水套管内压入清水试压。若岩层裂隙中有高压水,孔壁与止水套管间的环状裂隙一次注浆充填不满,压力试不上去时,可从止水套管内压入水泥水玻璃双液浆,浆液配比和第一次一样。由于环状间隙通道变小,此时注浆压力可逐步增大,待环状间隙

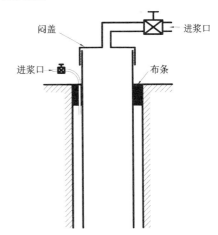

图 2-8 一级套管示意图

流出稠浆液暂停注浆,等 2 min 后再压入双液浆。如此多次压浆,注浆压力会逐渐上升,当注浆压力达到 10 MPa 以上,环状间隙内没有水和浆液流出时停止注浆。

再次凝固 8 h,扫孔后向止水套管内压清水试压。此时压力瞬间可以达到 10 MPa,但可能不保压,这是因为岩层裂隙发育,水沿裂隙渗透。此时向套管内压入精细水泥浆,精细水泥浆比表面积为 800 m²/g,水灰比为 4：1,水在向岩层裂隙渗透过程中将水泥颗粒带入裂

隙中并附着在岩壁上,最终孔周围裂隙被填满。孔内不进浆时停止注浆,凝固 8 h 就可以扫孔、试压。经过精细水泥注浆后,钻孔一般可以在 10 MPa 压力下保持 30 min 不变。固管合格后要安装好法兰盘,以备固二级止水套管使用。

2.2.3.4 二级止水套管

二级止水套管的固管、试压方式和一级止水套管的操作基本一致,但是不埋注浆细管,而是在一级止水套管上预留出浆口(图 2-9)。首先将一、二级法兰盘加垫加铅油密封后,再加上注浆闷盖用螺丝固定在一起,然后从闷盖上的注浆口向二级止水套管内压入水泥水玻璃双液浆,待预留的出浆口流出浓稠的浆液时关闭出浆口;继续压浆,当孔内压力到达 10 MPa 时,停止压浆,关闭注浆口上的阀门,等待凝固。凝固 24 h 后扫孔试压,如压力达不到 15 MPa 或不能保压,则是岩层中裂隙渗水造成的,可用前述方法注入精细水泥浆,直至达到要求为止。

2.2.3.5 三级止水套管

先将三级止水套管的法兰盘和闷盖装在一、二级止水套管的法兰盘上,但不要上紧螺丝,要留缝隙,以便溢浆,然后从三级止水套管闷盖上的注浆口压入水泥水玻璃双液浆,待二、三级止水套管环状间隙流出浓稠浆液时停止注浆。将一级、二级、三级套管的法兰串在一起上紧,再从闷盖上的注浆口注入浆液,注浆压力达到 15 MPa 以上停止注浆。凝固 24 h 以后扫孔试压,如压力达不到 15 MPa 或不能保压,则是岩层裂隙渗水引起的,可用前述方法注入精细水泥浆,直至达到要求为止(图 2-10)。

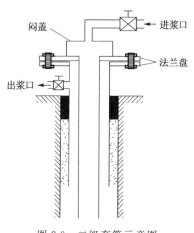

图 2-9 二级套管示意图

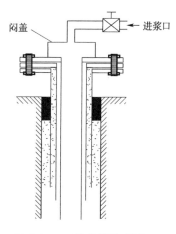

图 2-10 三级套管示意图

把三个级别止水套管的法兰盘压在一起上紧,作用有两个:一是便于固牢三级止水套管;二是增加固管强度,防止注浆压力大将止水套管顶出。

2.2.3.6 钻孔内渗水量大时的固管

有时钻孔内渗水量较大,一级止水套管固不好,压力试不上,这是因为岩层中的裂隙多、宽度大造成的。可以用锚索钻机在孔周围打几个小直径的截水孔,如钻孔内的水仍然较大,则可再向截水孔内注入水泥浆液,封堵钻孔周围的间隙,减小钻孔出水量。经过处理后,一般都能固好一级止水套管。

2.2.4 反复透孔注浆

2.2.4.1 单孔注浆结束标准

赵固二矿的 L_8 灰岩水水压为 7.1～7.5 MPa,注浆终压定为水压的 2 倍(即 15 MPa 以上),进浆量小于 30 L/min,稳定时间 20 min 以上。

2.2.4.2 注浆

① 裂隙中存有的大量岩粉、碎块等会影响进浆量,应放水冲孔,但因矿井在建设初期,排水系统尚未形成,独头巷道排水能力非常有限,没有强大的排水能力,只有向孔内压水进行冲孔、冲裂隙。压水冲孔时要用大流量、大压力、间歇性压水的办法冲洗,实际施工中冲孔压力达到 13 MPa。

② 注浆开始时用的浆液较稀,然后逐步提高浆液浓度,密度达到 1.30 g/cm³ 左右稳定注浆。密度控制用浆液系统中的自动控制系统,制成浆液后用密度计监测,达到要求后再向孔内压注。注浆过程中如长时间不上压,且注灰量大于 50 t 时,说明浆液沿裂隙向远处扩散,就需要间歇性注浆。间歇性注浆每次结束时要向孔内压入 5 倍于钻孔容积的清水,不宜过多,以免冲走已注入的水泥浆,损害已取得的注浆成果。但也不能过少,以免堵塞孔底进浆通道,导致不能再注。

③ 停止注浆。当达到注浆结束标准时,停止注浆,关闭钻孔上的高压阀门,让浆液凝固。

④ 注浆效果检验。单孔注浆效果检验在注浆后凝固 30 h 以后进行。采用透孔的办法,扫孔至孔底后出水量小于 0.2 m³/h 时,视为单孔注浆质量合格,否则要再次补注,直至达到要求。

设计的注浆孔注浆全部结束后,要进行整个工程注浆效果检验。在注浆孔间打检验孔,检验孔打到 L_8 灰岩底板或穿过断层破碎带,当钻孔水量小于 0.2 m³/h 时视为注浆工程合格,否则需重新补注,直到检验合格。

⑤ 封孔。单孔检验合格后需进行封孔,具体方法是将钻杆作为注浆管,钻杆下到孔底后,从钻杆向钻孔内压注水泥水玻璃速凝双液浆。压注一段时间,向上提一段钻杆,直到孔内充满浓浆液。钻杆起完后,在孔口上安装注浆盖,再向孔内注双液浆,当压力达到 15 MPa 时,关闭高压阀门。双液浆凝固后打开高压阀门,如钻孔内流出的水小于 0.2 m³/h,则认为封孔合格,否则反复用水泥稀浆压注到 15 MPa 以上,直到孔内出水量达到要求。

2.3 工作面底板注浆效果检测

2.3.1 瞬变电磁法探测原理

2.3.1.1 瞬变电磁法的基本原理

瞬变电磁法或称时间域电磁法(Transient Electromagnetic Method,TEM),利用不接地回线或接地线源向地下发射一次脉冲电磁场,在一次脉冲电磁场间歇期间,利用线圈或接地电极观测二次涡流场。测量这种由地下介质产生的二次感应电磁场随时间变化的衰减特征,从测量得到的异常分析出地下不均匀体的导电性能和位置,从而达到解决地质问题的目的。

在导电率为 σ、导磁率为 μ 的均匀各向同性大地表面敷设面积为 S 的矩形发射回线,在回线中供阶跃脉冲电流,有:

$$I(t) = \begin{cases} I & t < 0 \\ 0 & t \geqslant 0 \end{cases} \tag{2-1}$$

在电流断开之前($t < 0$ 时),发射电流在回线周围与大地空间中建立起一个稳定的磁场,如图 2-11 所示。

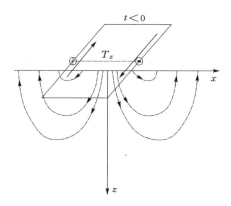

图 2-11　矩形框磁力线

在 $t = 0$ 时刻,将电流突然断开,由该电流产生的磁场也立即消失。一次磁场的这一剧烈变化通过空气和地下导电介质传至回线周围的大地中,并在大地中激发出感应电流以维持发射电流断开之前存在的磁场,使空间的磁场不会即刻消失。由于介质的欧姆损耗,这一感应电流将迅速衰减,由它产生的磁场也随之迅速衰减,这种迅速衰减的磁场又在其周围的地下介质中感应出新的强度更弱的涡流。这一过程继续下去,直至大地的欧姆损耗将磁场能量消耗完毕为止。这便是大地中的瞬变电磁过程,伴随这一过程存在的电磁场便是大地的瞬变电磁场。

在瞬变电磁场中,一次磁场以两种激发方式传播到介质中。第一种激发方式是:电磁波首先在空气中以光速传播到地表的每个点,然后有一部分电磁能量由地表传入地下。根据惠更斯原理,波前每个点都视为一个新的球面波振源,故地表的每一个点都陆续成为波源,将部分电磁波传入地中。在远区,这种一次磁场可以认为是不均匀平面波,且沿垂直方向传播到地中。第二种激发方式是:电磁能量直接从场源传播到地中,在导电介质中感应电流似"烟圈"那样,随时间推移逐步扩散到地下深处,即"烟圈效应"。

在瞬变电磁场建立和传播的早期,第一种激发方式是瞬时建立的,由于大地的电抗作用,第二种场的建立较迟缓,两者在时间上是分开的,随着时间的推移,两种场相互叠加,随后达到极大值。在晚期,第一种激发方式的场在各处衰减殆尽,在地中第二种场占据主导地位,电磁场以"烟圈"形式逐步扩散到深处,在每一地层中的涡流都有产生和增加的过程以及达到最大后逐渐衰减的过程,并且随深度的增加出现极大值的时间逐渐向后推移。晚期阶段,测量结果很好地给出地电面的分层信息,可以探查大地电性的垂向变化。

2.3.1.2 矿井瞬变电磁法的原理

矿井瞬变电磁法基本原理与地面瞬变电磁法原理基本一样,井下测量的各种装置形式和时间序列也相同。由于矿井瞬变电磁法勘探是在煤矿井下巷道内进行的,与地面比较,矿井瞬变电磁场应为全空间。如图 2-12 所示,在供电线圈两侧都产生感应电磁场。

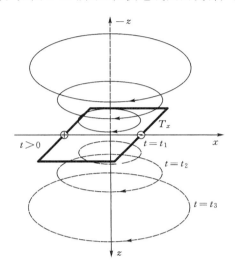

图 2-12 全空间瞬变电磁场的传播(烟圈效应)

矿井瞬变电磁法同样面临全空间电磁场分布的问题。因煤层通常为高阻介质,电磁波易于通过,所以煤层对 TEM 来说就没有像对直流电场那样的屏蔽性,故 TEM 所测信号为线框周围全空间岩石电性的综合反映。可利用小线框体积效应小、电磁波传播具有方向性的特点,通过改变线框平面方向并结合地质资料来判断地质异常体的空间位置。

由于特殊的井下施工环境,矿井瞬变电磁法与地面瞬变电磁法以及其他的矿井物探方法有很大的不同,主要有以下几方面的特点:

① 受井下巷道施工空间所限,无法采用地表测量时的大线圈(边长大于 50 m)装置,只能采用边长小于 3 m 的多匝小线框,因此与地面瞬变电磁法相比具有测量设备轻便、工作效率高、成本低等优点,可用于其他矿井物探方法无法施工的巷道(巷道长度有限或巷道掘进迎头超前探测等)。

② 由于采用小线圈测量,点距更密(一般为 2~20 m),体积效应降低,横向分辨率提高,再者测量装置靠近目标体,异常体感应信号较强,具有较高的探测灵敏度。

③ 利用小线框发射电磁波的方向性,可以探测采煤工作面顶、底板含水异常体的空间分布,探测巷道迎头掘进前方隐伏的导(含)水构造。

④ 受发射电流关断时间的影响,早期测量信号畸变,无法探测到浅层的地质异常体,一般存在 20 m 左右的浅部探测盲区。

⑤ 井下施工时,测量数据容易受到金属物(采煤机械、变压器、金属支架、排水管道等)的干扰,在资料处理解释时需要进行校正或剔除。

2.3.1.3 矿井瞬变电磁法井下施工方法与技术

矿井瞬变电磁法工作装置主要有重叠回线和偶极装置两种。应用重叠回线装置或中心回线测量,其优点是地质异常响应大、施工方便;缺点是线圈互感、自感效应强,一次场影响严重。采用偶极装置的优点是收发线圈互感影响小,消除了一次场影响;缺点是二次场信号弱。

图 2-13 为矿井瞬变电磁法井下测量方法示意图。在煤矿井下巷道内进行,测点间距在 2～20 m 之间。根据多匝小线框发射电磁场的方向性,可认为线框平面法线方向即为瞬变探测方向。因此,将发射接收线框平面分别对准煤层顶板、底板或平行煤层方向进行探测,就可反映煤层顶、底板岩层或平行煤层内部的地质异常。

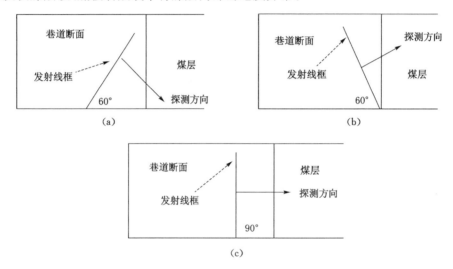

图 2-13　矿井瞬变电磁法探测方向示意图
(a)探测煤层底板;(b)探测煤层顶板;(c)探测煤层方向

2.3.1.4　矿井瞬变电磁法的资料解释

瞬变电磁法的资料解释步骤:首先对采集到的数据进行去噪处理,根据晚期场或全期场公式计算视电阻率曲线;然后进行时深转换处理,得到各测线视电阻率断面图;最后,根据探测区的地球物理特征、TEM 响应的时间特性和空间分布特征并结合矿井地质资料进行综合解释,划分地层富水区分布范围。

根据矿井瞬变电磁法基本原理和应用实例,实际应用时要注意以下几点:

① 矿井瞬变电磁法是时间域电磁感应法的重要补充和完善。由于发射线圈和接收线圈布置在井下巷道中,全空间效应和巷道影响是巷道围岩介质中瞬变电磁场的两个基本特征,因此巷道影响下的全空间瞬变电磁场分布变化规律是矿井瞬变电磁法的理论基础。

② 在巷道有限断面内,发射和接收线圈的尺寸受到限制,为提高瞬变电磁场的强度,一般采用增加线圈匝数以扩大发射和接收面积的方法。实践表明,这种做法在提高探测信号信噪比方面确实有效,但随之带来因线圈自感和互感增大致使视电阻率计算值偏低的问题(在 10^{-2}～10^{-4} 数量级),与实际情况相差很大,需要进行校正。

③ 巷道金属支护材料、铁轨电缆和采掘机电设备等对观测结果产生较大影响,合理选择测点位置,采用多次叠加技术是保证井下观测质量的重要措施。

④ 应用实例表明,矿井瞬变电磁法对充水构造或充水岩溶等反应灵敏,加之巷道施工

空间的选择余地较直流电法大。

⑤ 矿井瞬变电磁法无高阻屏蔽影响,在直流电法因高阻无法接地测量的地方,矿井瞬变电磁法会取得良好的探测效果。

2.3.2 瞬变电磁法探测结果

2.3.2.1 施工设计

探测的主要任务是找出煤层底板岩层中含水体的空间分布位置及范围,圈定相对富水区,判断注浆效果。探测共分为两段:

第一段测线起点位置为 11050 工作面回风巷通尺 700 m 位置处,终点位置为工作面回风巷通尺 1 330 m 位置,测线长度 620 m,探测工作面底板含水情况。物理测点点距为10 m,共布置测点 63 个,每个测点探测两个角度,具体探测方向如图 2-14 所示。

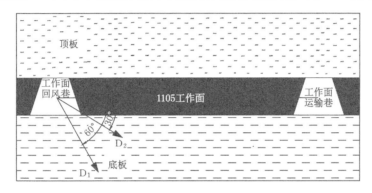

图 2-14　11050 工作面瞬变电磁探测方向示意图(一)

第二段测线起点位置为工作面回风巷通尺 1 600 m 位置处,终点位置为切眼位置,对应起点为工作面运输巷通尺 1 650 m 位置,重点位置为切眼位置,即探测工作面自切眼向停采线方向 500 m 范围的内、外底板含水情况(探测时工作面底板已经加固完毕)。工作面回风巷和工作面运输巷测点距均为 10 m,每个物理测点探测工作面内和工作面外底板的含水情况,具体探测角度如图 2-15 所示。

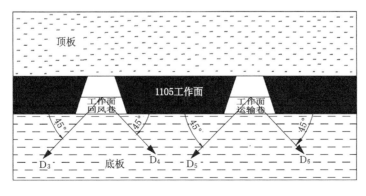

图 2-15　11050 工作面瞬变电磁探测方向示意图(二)

2.3.2.2 观测成果分析

根据巷道条件认为,当巷道支护条件较为均一时,矿井瞬变电磁探测的背景变化不大,对探测结果的影响也较小。但当巷道中某一段或某一位置存在金属设备或材料时,对瞬变电磁探测结果会产生影响,虽然在数据处理过程中会对存在金属异常干扰区域进行校正,但仍会对探测结果存在一定影响。

11050 工作面巷道中的锚网支护铺设较为均一,工作面回风巷中存在液压支柱、胶带架、铁轨等,局部区域存在绞车、硐室堆积钢材等;工作面运输巷全巷道存在锚网支护、铁轨、液压支柱,局部有大型仪器设备、泵站等。巷道探测背景较为均一,但在巷道中某些区域存在金属材料堆积、转换开关及其他杂物异常,在实际测量时应注意避让。个别测点在探测过程中受到不可移动的金属干扰体影响,致使数据受到一定干扰,经过校正后在成果图上应予以标注。

将各巷实测资料进行去噪、滤波,然后进行反演后绘制视电阻率等值线断面图,如图 2-16、图 2-17 所示。图中上端标注为巷道个别测点受到干扰的井下实际记录,下端坐标为水平距离,左右两侧为沿探测方向上的探测距离。

断面图中浅部视电阻率值相对较高,主要是受关断效应和近场区影响所致。中、深部视电阻率值相对较低,反映了对应深度的地质情况。

(1)第一段测线探测成果分析

第一段测线探测主要是在底板注浆加固前在工作面回风巷两个方向进行,探测底板富水性,并为将来底板加固后通过前后对比来验证底板注浆加固效果。探测范围为 11050 工作面通尺 700~1 330 m 范围。

图 2-16 与图 2-17 为 11050 工作面回风巷通尺 700~1 330 m 范围内工作面底板注浆加固前的探测成果。从图中可以看出,整个探测范围内视电阻率等值线分布较为连续,无明显范围较大的相对低阻异常区,表明底板富水性较为均匀,但在视电阻率较小的区域,打钻、注浆过程中要注意做好相应的防治水工作。

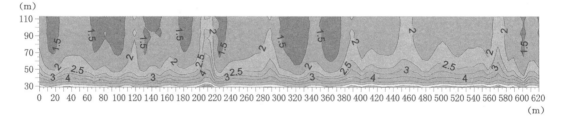

图 2-16　11050 工作面回风巷 D_1 方向视电阻率等值线断面图

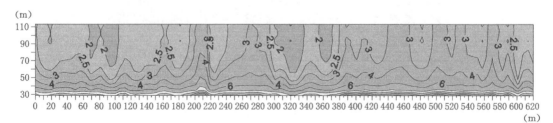

图 2-17　11050 工作面回风巷 D_2 方向视电阻率等值线断面图

（2）第二段测线探测成果分析

该段测线为自切眼向停采线方向 500 m 范围内探测工作面内外侧底板含水状态，每条巷道探测两个方向，分别探测工作面底板和工作面回风巷、运输巷外侧底板水文情况。

① 工作面回风巷探测成果分析。如图 2-18 所示为 11050 工作面回风巷 D_3 方向通尺 1 600 m位置至切眼范围外侧底板视电阻率断面图。该范围内，巷道中主要为锚网支护、液压支架、胶带架以及排水管、动力管、电缆等，背景条件基本相同，其中在 2 050～2 010 m 位置处没有液压支架，并且在个别位置处存在金属干扰体，具体位置在图中标注。图中 0 点位置即为工作面回风巷 1 600 m 通尺位置，500 点位置为工作面回风巷 2 100 m 通尺位置，下面以图中点号进行叙述。该区域内在 40#～100#、140#～190#、290#～380# 范围内存在相对低阻异常区，视电阻率值均小于 2 Ω·m，且范围较为连续，依次给这 3 个低阻异常区命名为 A1、B1、C1 相对低阻异常区。

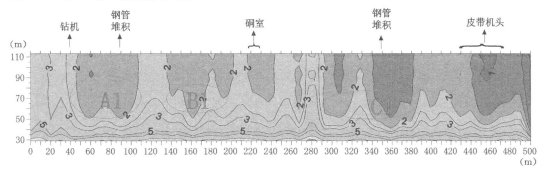

图 2-18　11050 工作面回风巷 D_3 方向（面外）视电阻率等值线断面图

图 2-19 为 11050 工作面运输巷 D_4 方向通尺 1 600 m 位置至切眼范围内侧底板视电阻率断面图。该区域内在 40#～100#、340#～380# 范围内存在相对低阻异常区，视电阻率值均小于 2 Ω·m，且较为连续，依次给这 2 个低阻异常区命名为 A2、C2 相对低阻异常区。

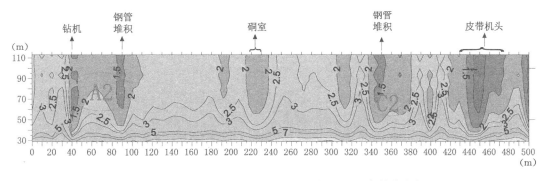

图 2-19　11050 工作面回风巷 D_4 方向（面内）视电阻率等值线断面图

② 工作面运输巷探测成果分析。图 2-20 为 11050 工作面运输巷 D_5 方向通尺 1 650 m位置至切眼范围内侧底板视电阻率断面图。该范围内，巷道中主要为锚网支护、铁轨、胶带架以及排水管、动力管、电缆等，背景条件基本相同，其中在 1 650～2 020 m 位置处开始有液压支架存在，并且在个别位置处存在金属干扰体，具体位置在图中标注。图中 0 点位置即为工作面运输巷 1 650 m 通尺位置，500 点位置为工作面回风巷 2 150 m 通尺位置，下面以

图中点号进行叙述。该区域内在 $0^{\#} \sim 50^{\#}$、$110^{\#} \sim 170^{\#}$、$360^{\#} \sim 400^{\#}$ 范围内存在相对低阻异常区,视电阻率值均小于 1.5 $\Omega \cdot m$,且范围较为连续,依次给这 3 个低阻异常区命名为 A3、B3、C3 相对低阻异常区。

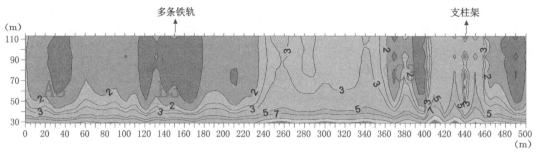

图 2-20   11050 工作面运输巷 D_5 方向(面内)视电阻率等值线断面图

图 2-21 为 11050 工作面运输巷 D_6 方向通尺 1 650 m 位置至切眼范围外侧底板视电阻率断面图。该范围内,在 $0 \sim 40^{\#}$、$120^{\#} \sim 180^{\#}$ 之间出现相对低阻区域异常区,视电阻率值均存在小于 1.5 $\Omega \cdot m$ 区域,依次给这 2 个低阻异常区命名为 A4、B4 相对低阻异常区。

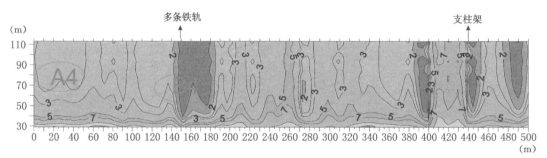

图 2-21   11050 工作面运输巷 D_6 方向(面外)视电阻率等值线断面图

进一步确定每个异常区的富水性,还应综合考虑异常区的范围大小、视电阻率最小值大小、地质构造及水文地质条件等因素。根据 11050 工作面的实际勘探条件,并综合分析原始资料与井下数据,确定该工作面瞬变电磁探测富水异常区划定依据(表 2-2)。

表 2-2   11050 工作面底板相对富水异常区富水性确定依据对照表

视电阻率值/($\Omega \cdot m$)				横向分布范围 /m	对侧有无 低阻异常	富水性 评价
工作面回风巷		工作面运输巷				
D_3 方向	D_4 方向	D_5 方向	D_6 方向			
$\rho \leqslant 1$	$\rho \leqslant 1$	$\rho \leqslant 1$	$\rho \leqslant 1$	$D \geqslant 100$	有	强
					无	中
$\rho \leqslant 2$	$\rho \leqslant 2$	$\rho \leqslant 1.5$	$\rho \leqslant 1.5$	$D \geqslant 50$	有	中、强
					无	弱、中
				$D \leqslant 30$	有	中
					无	弱

根据图 2-18～图 2-21 视电阻率探测成果,通过对各巷道底板探测视电阻率等值线断面成果图本身横向对比及不同巷道之间的平面对比分析,结合水文地质资料,剔除人为干扰后,本次探测主要存在 3 处相对富水异常区。从工作面停采线到切眼依次编号为 1 号、2 号、3 号相对富水异常区,具体分析如下。

1 号相对富水异常区:图 2-18～图 2-21 中,A1、A2、A3、A4 位置处存在 4 个低阻区域,该 4 处相对低阻区域视电阻率值小于 2 Ω·m,认为在工作面 1 650～1 700 m 范围内存在相对富水异常区域,富水性评价为弱富水异常。

2 号相对富水异常区:图 2-18～图 2-21 中,B1、B3、B4 位置处存在 3 个低阻区域,其中 B1 区域视电阻率值小于 2 Ω·m,B3、B4 区域视电阻率值均小于 1.5 Ω·m,认为在工作面 1 770～1 830 m 范围内存在相对富水异常区域,富水性评价为弱富水异常。

3 号相对富水异常区:图 2-18～图 2-21 中,C1、C2、C3 位置处存在 3 个低阻区域,其中 C1、C3 区域视电阻率值均小于 1.5 Ω·m,C2 区域视电阻率值均小于 2 Ω·m,认为在工作面 1 900～1 980 m 范围内存在相对富水异常区域,富水性评价为弱富水异常。

从整体上看,整个 11050 工作面探测区域底板富水性一般,探测结果共划分出 3 个富水异常区。由于巷道中金属物较多,对瞬变电磁的探测效果造成了比较大的影响,所以需要对底板进行进一步的探测,同时,在确认为富水性较强的区域时,回采过程中应采取有效的检验措施和防治水措施,特别是回采接近时,需重点加强水情观测和底板管理。

2.3.3 直流电法工作原理

2.3.3.1 直流电法物探方法简介

电法勘探是以岩(矿)石的电学性质差异为基础,通过观测分析电场分布变化规律来解决地质问题的一种地球物理勘探方法。矿井直流电法又称矿井电阻率法,属全空间电法勘探,它以岩石的电性差异为基础,在全空间条件下建场,使用全空间电场理论,处理和解释有关矿井水文地质问题。它主要用于研究电性分层和水文地质问题,通过一对接地供电电极把直流电导入大地中,在岩层中建立稳定的电流场,用另一对测量电极观测电流场的空间分布规律,以此探测富水异常区及地质构造的物探方法。对于矿井电阻率法而言,供电、测量电极通常布置在巷道顶、底板或巷道侧帮上,从各种方位去观测巷道周围稳定电流场的分布、变化规律,以了解巷道顶、底板或所在岩层内的地质情况。针对不同类水文地质问题,电极的排列形式、移动方式等多有变化,从而衍生出不同的矿井电阻率方法。一般地,电极的移动方式决定着矿井电阻率法的工作原理,电极的排列方式决定着矿井电阻率法的分辨能力和电性响应特征,而勘探目标体相对测点的空间位置决定了矿井电阻率法的布极位置。

2.3.3.2 矿井电阻率法基本原理

假设在地下全空间均匀各向同性介质中设置如图 2-22 所示的四极装置,则介质真电阻率可由下式计算:

$$\rho = K \frac{\Delta U_{MN}}{I} \tag{2-2}$$

式中,K 称为装置系数;ΔU_{MN} 为测量电极 MN 间的实际电位差;I 为 AB 供电回路的电流强度。

$$K = \frac{4\pi}{\dfrac{1}{AM} - \dfrac{1}{AN} - \dfrac{1}{BM} + \dfrac{1}{BN}} \tag{2-3}$$

其中,AM、AN、BM、BN 分别为 AM、AN、BM、BN 电极距离导线的长度。

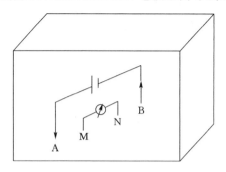

图 2-22　全空间大地电阻率测定装置

用矿井电阻率法勘探是在煤矿井下巷道中进行的,通过布置在巷道底板的供电电极在巷道周围岩层中建立起全空间稳定电场(不考虑巷道挖空影响),该稳定场特征取决于巷道周围不同电性特征岩石的赋存状态。按照式(2-4)计算的结果将不再是某种介质的真电阻率,而是电流分布三维空间体积范围内所有介质导电性的一种综合反映,它是导电介质内部电流场分布状态的外在表现,称为全空间视电阻率,用符号 ρ_s 表示。当测量电极 M、N 附近存在高阻异常体时,因高阻异常体对电流有排斥作用,使得 ρ_s 较大;当测量电极 M、N 附近存在低阻异常体时,由于低常体对电流有吸收作用,所以 ρ_s 较小。因此,通过测量、分析全空间视电阻率的相对变化可以推断介质电性变化情况,这就是矿井直流电法勘探的物理实质。

全空间视电阻率的表达式为:

$$\rho_s = K \frac{\Delta U_{MN}}{I} \tag{2-4}$$

影响视电阻率值 ρ_s 的主要因素有:① 装置的类型和大小以及与不均匀异常体的相对位置;② 电性不均匀体的电阻率及分布状态(大小、形状、位置等);③ 围岩电阻率。

通过对视电阻率 ρ_s 资料的分析及反演解释,可以推断测量装置附近地质异常体的分布范围。

2.3.3.3　矿井电阻率法的全空间效应

矿井电阻率法的特殊性是由电流场的分布特征决定的。与地面电阻率法不同,矿井电阻率法的供电、测量电极都布置在井下巷道边界上,电流场在巷道周围呈全空间分布状态。矿井电阻率法的视电阻率测量值不仅与巷道周围介质导电性、装置形式、装置大小有关,而且也受巷道影响。

数值模拟、物理模型实验和井下技术试验结果表明,全空间效应和巷道空间影响是客观存在的,而且全空间效应和巷道空间影响的大小及特征与多种因素有关,这些因素包括观测接收装置的形式和大小、巷道长度和横截面的尺寸、巷道围岩的电性特征以及测点位置等。

正演模拟和实验结果都证明了两个基本事实:

① 布置在巷道顶、底板或其侧帮的供电电源,其电流场在巷道四周分布,因而矿井电法测量结果不单是布极一侧岩层电性的某种反映,而是整个地电断面电性变化的综合反映。除布极一侧岩层外,其他介质的分流作用及其内部地电异常体在矿井电法观测结果中的反映统称为全空间场效应。

② 巷道空间对全空间电流场的分布产生较大影响,这种影响与测点、布极点位置、装置形式、巷道所在岩层电阻率等多种因素有关,使全空间电流场的分布更趋复杂化。也就是说,矿井直流电法有其固有的基本理论问题,全空间场效应和巷道影响叠加,给正确认识和分析矿井电阻率法资料带来许多困难。

2.3.3.4　矿井电阻率法的应用

矿井电阻率法可分为矿井电剖面法、矿井电测深法、巷道直流电透视法、集测深和剖面法于一体的矿井高密度电阻率法、直流层测深法和直流电法超前探等。按照装置形式的不同,每类方法又可细分为若干种分支方法。矿井电剖面法可分为偶极剖面法、对称四极剖面法、三极剖面法、微分剖面法;矿井电测深法可分为对称四极电测深和三极电测深。巷道电透视法又分为三极电透视法、赤道偶极电透视法、音频电透视法等。根据测点和电极在巷道中的位置,又可分为巷道顶板、底板和侧帮电阻率法等。目前,矿井水文物探中常用的矿井电阻率法见表 2-3 所列。

表 2-3　常用矿井电阻率法及应用范围

方法	主要应用范围
巷道底板电测深法	探测煤层底板隐伏导水裂隙带、富水异常区、含水层厚度、隔水层厚度等
矿井电剖面法	探测煤层底板隐伏的断层破碎带、导水通道
直流电透视法	探测采煤工作面底板岩层内富水区、含水裂隙带、陷落柱范围等
三极超前探	探测掘进巷道迎头前方的含水异常区

随着矿井直流电法测量设备的发展,特别是多道并行网络电法仪的出现,使得全电场观测方式成为可能,其工作测量方式、数据处理及资料解释都有新的发展。

2.3.3.5　探测仪器及方法

本次使用的高分辨率直流电法仪如图 2-23 所示,它可以用于巷道底板富水区域、巷道底板隔水层厚度、原始导高、掘进头和巷道边帮前方导(含)水构造的超前探测以及注浆治理效果检测。其主要技术参数有:4 个发射通道;发射电压为 100 V;最大发射电流 50 mA/100 mA 可选;接受道数为 32 道;接收电压精度为 0.02%(100 mA);接收电压范围为±2 V;输入阻抗≥100 MΩ;探测距离为 100 m;防爆型式为煤矿用本质安全型设备,防爆标志为"ExibI";工作方式为自动观测/即时数据处理/接地条件自检。

本次用井下三极电阻率技术在井下巷道中进行勘探。如图 2-24 所示,A、B 为供电电极,其中一个接到无穷远处(如 B 极),M、N 为测量电极,固定 M、N 电极间距,通过逐步增大供电电极 A 与 M、N 电极的距离实现深度测量的目的。该方法可以获得测量巷道下方一定深度岩(矿)石的电阻率,据此分析其富水性。

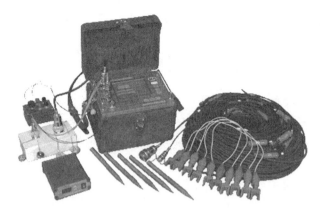

图 2-23　高分辨直流电法仪

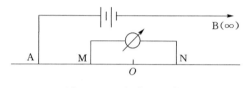

图 2-24　三极装置示意图

2.3.4　直流电法探测效果

为了检验注浆效果,在注浆改造前、后对开切眼前 500 m 进行直流电法探测,探测位置分别在 11050 工作面胶带运输巷和工作面回风巷。图 2-25 和图 2-26 分别为工作面胶带运输巷和工作面回风巷注浆前、注浆后第一次、注浆后第二次视电阻率断面图。图中等值线值越小的区域表示底板岩层可能越破碎、裂隙发育或富水性相对较强,分析中以等值线值小于 5 所圈定的区域为相对低阻异常区。

2.3.4.1　工作面胶带运输巷探测结果分析

根据工作面胶带运输巷的探测结果可以看出,注浆前底板在通尺 1 620～1 740 m(A)、1 800～1 940 m(B)和 1 970～2 010 m(C)三区段内发现低阻异常。其中,A 和 B 区段低阻异常面积较大,深度达到 L_8 灰岩以下,分析认为 A 和 B 区段 L_8 灰岩水富水性较强并且可能与深部含水层联系较强。C 区段低阻异常面积较小,深度在 L_8 灰岩附近,分析认为 C 区段和深部含水层联系较弱。

2011 年 11 月 15 日,注浆改造结束的直流电法勘探资料显示,原先 A、B 和 C 区段低阻异常全部显示为高阻,表明注浆效果较好。但是在通尺 1 710 m(D)处和 2 100～2 170 m(E)区段存在低阻异常,D 处面积和深度均比较小,E 区段面积大但深度浅。分析认为,D 处范围有限,富水性不强。E 区段位于下内 22# 钻场下侧,也是切眼和组装硐室交叉处,巷道断面大,底板变形严重,分析认为 E 区段低阻异常是 22# 钻场内的水渗入煤层底板造成的。

为了进一步检测底板富水性情况和注浆加固效果,根据现场情况于 2011 年 11 月 23 日实施了第三次直流电法勘探。根据探测结果显示,在通尺 2 000～2 030 m(F)区段存在低阻

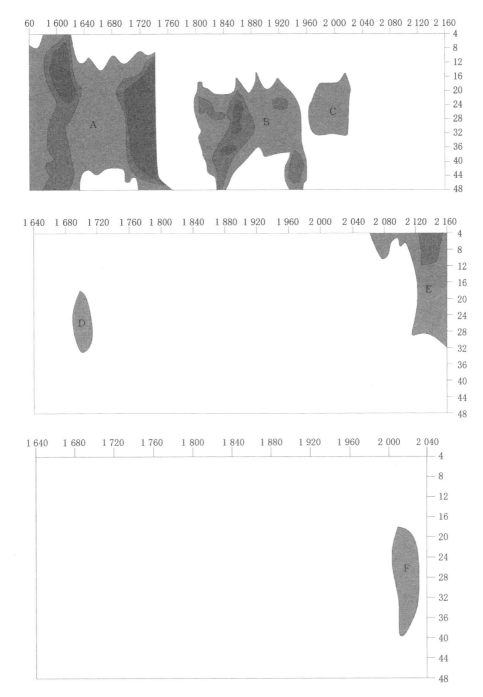

图 2-25 11050 工作面胶带运输巷视电阻率断面图

异常,其他区段正常,而根据前两次的探测结果认为该区段富水性不强,所以认为是胶带运输巷水渗入煤层底板造成的。

2.3.4.2 工作面回风巷探测结果分析

根据 11050 工作面回风巷的直流电法探测结果可以看出,注浆前,在通尺 1 590～

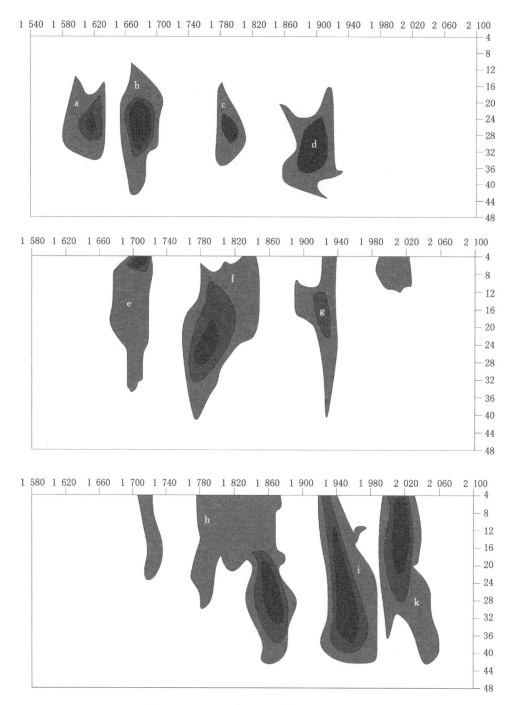

图 2-26   11050 工作面回风巷视电阻率断面图

1 620 m(a)、1 670~1 700 m(b)、1 700~1 800 m(c)和 1 860~1 890 m(d)四个区段发现低阻异常,但其低阻异常面积都不大,深度达到 L_8 灰岩。分析认为,这四个低阻异常区是 L_8 灰岩含水层低阻异常,富水性较强,但是和深部含水层联系不强。

同样,2011 年 11 月 15 日注浆改造结束实施的直流电法勘探资料显示,a 低阻异常区段显示为高阻,e、f 和 g 为低阻异常,e、f 和 g 对应注浆改造前直流电法勘探资料的 b、c 和 d 低阻异常区,并且低阻区域向浅部延伸。分析认为,可能是巷道断面大,底板变形,使巷道底板裂隙增加,导致低阻异常面积扩大并向浅部扩散,同时也可能是巷道积水向底板渗入的结果。

2011 年 11 月 23 日实施的第三次直流电法勘探结果显示,在 h、i 和 k 区段存在低阻异常,分析认为 k 低阻异常区是巷道积水向底板渗入的结果,h 和 i 区段与注浆前的 b、c 和 d 低阻异常区重叠,并且与注浆后第一次探测的 e、f 和 g 为低阻异常区重叠。分析认为,可能是巷道断面大,底板变形,使巷道底板裂隙增加,导致低阻异常面积扩大并向浅部扩散,也可能是巷道积水向底板渗入的结果,同时不能排除底板岩层较为破碎、灰岩富水性较强。为此,安排钻机对 h 和 i 区段进行了钻探验证。

对 h 和 i 区段的低阻异常区钻探验证结果显示,h 区段的低阻异常区水量为 0.3 m³/h,i 区段的低阻异常区水量为 4.2 m³/h,认为 h 和 i 区段的低阻异常区岩层破碎,裂隙发育,富水性较强,导致直流电法勘探资料显示为低阻异常,但水量补给不充分,因此验证孔水量小。

底板注浆改造前后的直流电法勘探资料显示,二₁煤层底板的富水性在注浆改造前后差异很大,认为注浆效果较好,但要做好探测富水区域的检验。同时,根据目前 11050 大采高工作面的开采情况,工作面未发生底板突水,但依然要做好防治水工作。

2.3.5 注浆效果的钻探检验

为了检验 11050 工作面前 500 m 的注浆效果,共施工底板注浆改造检验钻孔 27 个,对 11050 工作面前 500 m 底板基本全面覆盖,检验钻孔孔深同注浆孔一样,为 85 m。检验钻孔出水量见表 2-4 所列。

表 2-4　检验钻孔出水量

孔号	出水量/(m³/h)	孔号	出水量/(m³/h)	孔号	出水量/(m³/h)
下内 17-10	0.20	下内 22-11	2.00	上内 19-9	1.50
下内 17-11	2.00	下内 22-12	2.80	上内 20-7	3.50
下内 18-11	0.60	上内 17-5	0.10	上内 20-8	2.50
下内 18-12	1.00	上内 17-7	0.30	上内 20-10	1.00
下内 19-12	1.50	上内 18-6	1.00	上内 21-10	2.30
下内 19-13	1.50	上内 18-8	1.20	上内 21-11	7.00
下内 20-3	1.44	上内 18'-4	1.00	上内 21-12	3.70
下内 21-6	6.00	上内 18'-6	1.40	上内 22-6	3.00
下内 21-9	1.00	上内 19-8	4.00	上内 22-11	1.60

检验钻孔出水量统计表显示,27 个检验孔出水量最大的是下内 21-11 孔,为 7 m³/h,出水量最小的是上内 17-5 孔,为 0.1 m³/h,均小于 10 m³/h 的标准,所以从检验孔出水量评价 11050 工作面前 500 m 底板注浆改造工程为合格。

同时钻探结果表明,瞬变电磁勘探成果与检验钻孔检验效果相差较大。分析原因是巷道内金属物较多,严重干扰瞬变电磁探测效果,所以应该适时合理地使用瞬变电磁探测,并处理好受干扰后的探测结果。直流电法探测比较好地反映出了底板富水性区域,以后工作中应加大直流电法探测的使用。

3 工作面断层突水防治

3.1 断层的三维地震探测

3.1.1 方法简介

掌握断层的位置和产状是有效防治断层突水的前提。为了查清赵固二矿11011工作面的细微构造,决定采用高密度三维地震勘探方法对赵固二矿11011工作面进行勘探。

① 野外施工采用8线10炮制束状观测系统进行数据采集,观测系统主要参数为:线距40 m,道距10 m,单线接收道数84道,覆盖次数24次(横向4次,纵向6次),最大炮检距522 m,束线距200 m,CDP网格5 m×10 m,中点激发。

② 资料处理采用CGG处理软件进行了叠后5 m×10 m、10 m×10 m的面元网格对比处理,采用POMAX处理软件进行了叠前5 m×10 m、叠后5 m×10 m和10 m×10 m的面元网格对比处理。

③ 应用Geoframe 4.2解释软件进行人机交换解释,最终成果用POMAX处理软件的叠前数据解释成果,用Jason 7.0软件进行地震资料反演。

本次地震野外施工采用规则三维观测系统,以束为单位施工,自西向东按序编号,依次为第一束、第二束、……每束与上一束重合3条接收线。

3.1.2 工程布置

三维地震勘探工作要求勘探面积为1.1 km²,共完成线束4束,施工测线23条,施工面积为2.84 km²,满覆盖面积为1.26 km²,有效覆盖次数24次,完成生产物理点1 488个,试验物理点18个,总计物理点1 504个(图3-1)。

施工使用4台中海达RTK V8动态GPS-RTK设备,并对所用的其他设备和工具也做了相应检查。使用的仪器及生产工具均符合规范要求,可供外业使用。

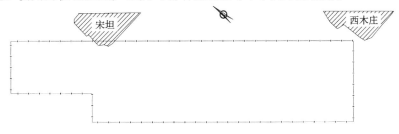

图3-1 勘探区形状示意图

中海达 RTK V8 双频卫星接收机主要参数设置如下：

卫星截止高度角　　　　　　　　　≥15°

同时观测有效卫星数　　　　　　　≥4 颗

时段长度　　　　　　　　　　　　≥40 min

数据采样间隔　　　　　　　　　　10 s

静态精度：平面为±5 mm＋1 ppm，高程为±10 mm＋1 ppm

动态精度(RTK)：平面为 1 cm＋1 ppm，高程为 3 cm＋1 ppm

3.1.3　探测效果

三维地震勘探采用了三套数据体(不同处理软件处理的常规数据体两个，叠前时间偏移数据体一个)的二$_1$煤层层位，结果中的构造发育情况为选用叠前时间偏移数据体的解释结果。对比解释了三套数据体中二$_1$煤层的构造发育情况；解释了 L$_8$灰岩和 O$_2$灰岩的底板起伏形态与深度(图 3-2)；预测了二$_1$煤层顶板岩性、煤层厚度变化趋势(图 3-3 和图 3-4)。

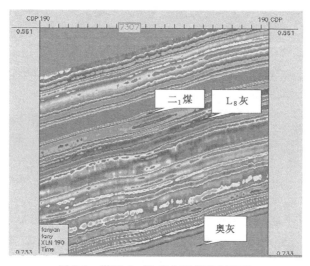

图 3-2　煤层、L$_8$灰、奥灰波阻抗剖面图

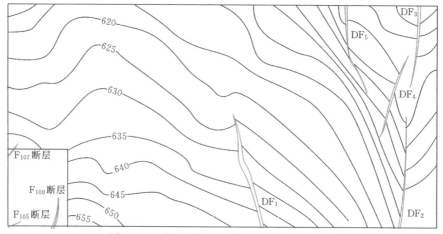

图 3-3　三维地震勘探二$_1$煤层底板等高线图

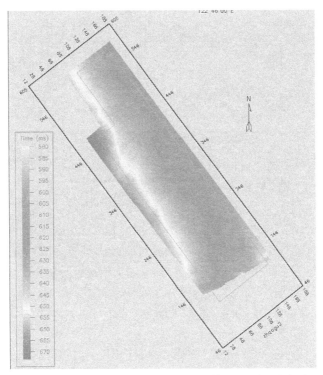

图 3-4　A 处理站常规处理二$_1$煤层反射波 t_0 平面示意图

3.1.3.1　断层综述

　　三维地震勘探解释断点 51 个（按 40 m×80 m 网格统计），共组合断层 13 条,这些断层多数分布在勘探区的东南部（F$_{18}$断层附近）,多数为 NE 走向的正断层,符合区域地质构造规律;另外解释了 3 个断点。

　　按照不同的分类标准,对勘探区内的 13 条断层分类叙述如下（表 3-1）。

表 3-1　断层控制一览表

序号	断层 名称	断层 性质	落差 /m	断层产状			控制长度 /m	控制 程度	备注
				走向	倾向	倾角			
1	F$_{18}$	正	＞700	NE	SE	70°	540	可靠	修正
2	F$_{109}$	正	0～4.5	SEE	SSW	60°	90	可靠	揭露
3	DF$_1$	正	0～8	NE	SE	60°	130	较可靠	与 F$_{18}$交
4	DF$_2$	正	0～6	NE	NW	60°	205	可靠	
5	DF$_3$	正	0～6	NE	NW	60°	205	可靠	
6	DF$_4$	正	0～3	E	N	60°	180	可靠	
7	DF$_5$	正	0～3	NE	SE	60°	240	可靠	
8	DF$_6$	正	0～2.5	SEE	SSW	60°	70	可靠	
9	DF$_7$	正	0～2.7	NE	NW	60°	100	可靠	
10	DF$_8$	正	0～3.2	NE	SE	60°	240	可靠	

表 3-1(续)

序号	断层名称	断层性质	落差/m	断层产状			控制长度/m	控制程度	备注
				走向	倾向	倾角			
11	DF_9	正	0～2.5	NW	NE	60°	200		
12	DF_{10}	正	0～2.5	NE	SE	60°	110		
13	DF_{11}	正	0～2.5	NE	NW	60°	110		

（1）与三维地震勘探前相比

基本一致的断层 1 条，即 F_{18} 断层；新发现的断层 15 条。

（2）按落差大小划分

落差大于 100 m 的断层有 1 条，即 F_{18} 断层；落差大于（等于）5 m 的断层有 3 条，即 DF_1、DF_2、DF_3 断层；落差大于（等于）3 m 的断层有 4 条，即 F_{109}、DF_4、DF_5、DF_8 断层；落差小于 3 m 的断层有 5 条，即 DF_6、DF_7、DF_9、DF_{10}、DF_{11} 断层。

（3）按控制程度分类

可靠断层 7 条，较可靠断层 1 条，不评级断层 5 条。

3.1.3.2　断层描述

以 F_{18} 断层为例：F_{18} 断层位于勘探区南部边界附近，正断层，与以往勘探基本一致。断层走向 NE，倾向 SE。错断新生界底界面、二$_1$煤层、L_8 灰岩和奥灰，因上盘没有得到控制，故落差不详。根据以往勘探，该断层落差大于 700 m，勘探区内延伸长度约 540 m，属可靠断层（图 3-5～图 3-7）。

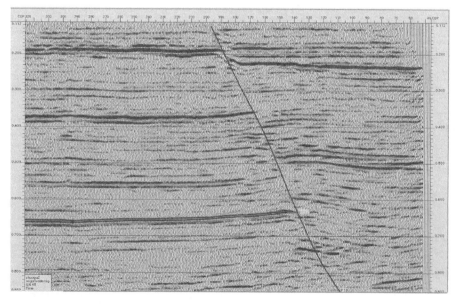

图 3-5　F_{18}断层在纵向时间剖面上的表现（西部）

3.1.3.3　地质成果

三维地震成果解释成果如图 3-8 所示。通过三维地震，主要成果如下：

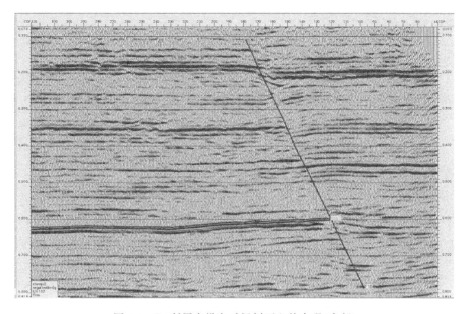

图 3-6 F_{18} 断层在纵向时间剖面上的表现（东部）

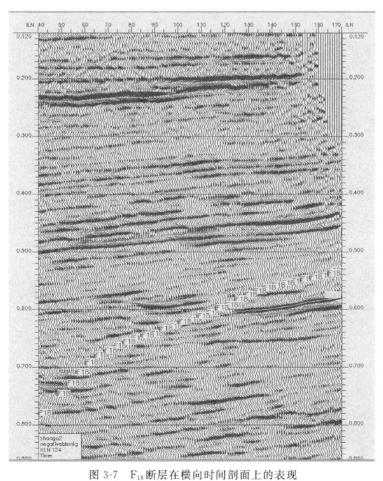

图 3-7 F_{18} 断层在横向时间剖面上的表现

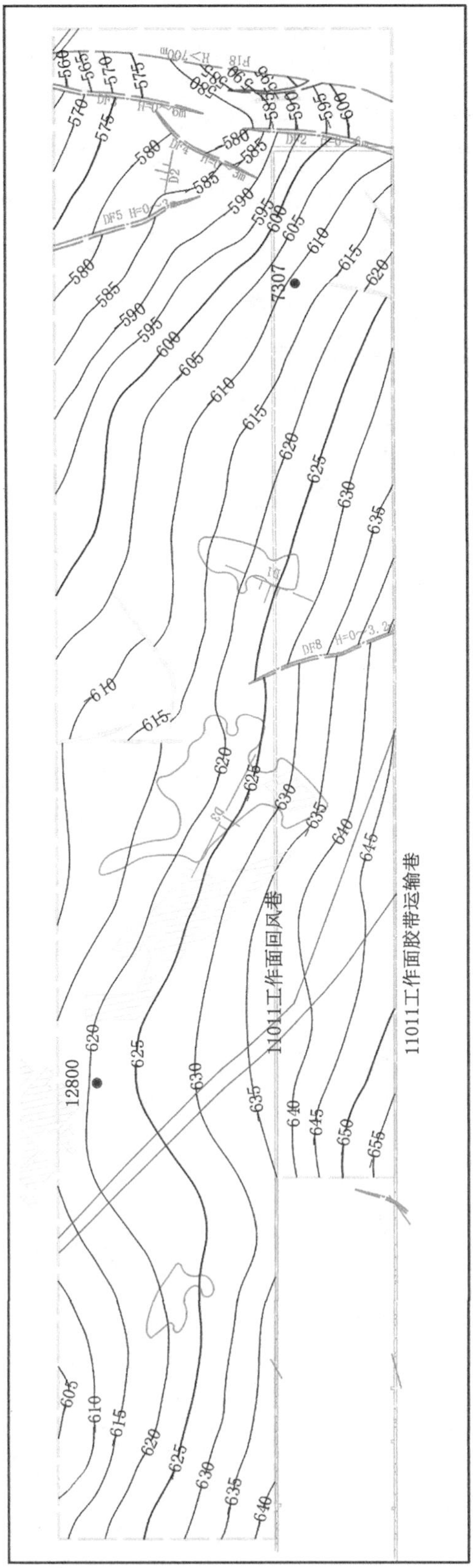
焦作煤业（集团）新乡能源有限公司三维地震勘探二$_1$煤层底板等高线图（含构造控制程度）
11011工作面回风巷
11011工作面胶带运输巷

图3-8　三维地震探测成果

① 解释了二₁煤层的构造发育情况与底板起伏形态。勘探区总体表现为一走向 NW、倾向 NNE 的单斜构造,勘探区东南部地层走向转为 SN、倾向 E,地层倾角多在 2°～6° 之间变化,小的波状起伏较发育。煤层底板整体表现为西北深、东南浅,由西北向东南逐渐抬升的趋势,煤层底板标高在 -655～-560 m 之间变化。

② 解释了 L_8 灰岩顶界面的起伏形态。勘探区 L_8 灰岩顶界面的形态与二₁煤层的形态基本一致,整体表现为西北深、东南浅,由西北向东南逐渐抬升的变化趋势。倾角较平缓(2°～6°),顶界面标高在 -695～-595 m 之间变化。

③ 解释了奥灰顶界面起伏形态。勘探区 O_2 灰岩顶界面的形态与二₁煤层的形态基本一致,整体表现为西北深、东南浅,由西北向东南逐渐抬升的变化趋势。倾角较平缓(2°～6°),顶界面标高在 -780～-680 m 之间变化。

④ 解释了 F_{18} 断层下盘区域二₁煤层上覆基岩厚度。总体表现为北厚南薄、由南向北逐渐加厚的变化趋势,厚度在 70～135 m 之间变化。

⑤ 解释了 F_{18} 断层下盘二₁煤层底板至奥灰的间距,间距在 120～130 m 之间变化。

⑥ 共解释、组合断层 13 条,这些断层多数分布在勘探区的东南部(F_{18} 断层附近),多数为 NE 走向的正断层,符合区域地质构造规律;另外解释了 3 个断点。落差大于 100 m 的断层有 1 条(F_{18});落差大于 5 m 的断层有 3 条(DF_1、DF_2、DF_3);落差大于 3 m 的断层有 4 条(F_{109}、DF_4、DF_5、DF_8);落差小于 3 m 的断层有 5 条(DF_6、DF_7、DF_9、DF_{10}、DF_{11})。其中,F_{18} 断层为本次勘探修正的断层,主要修正了 F_{18} 断层下盘断煤交线的位置,最大修正断煤交线平面位置 20 m。

⑦ 发现勘探区中存在 3 个异常带,其中勘探区中部的异常区面积较大,约为 0.031 km²,结合采掘资料,判定为煤层顶板破碎的概率最大。

⑧ 利用反演资料并结合采掘资料,勘探区二₁煤层顶板基本为泥岩。

⑨ 利用反演资料、钻孔资料联合分析,勘探区二₁煤层厚度在 5.5～6.5 m 之间变化。

3.2 断层采动活化突水的数值分析

断层突水分为原生导水和采动活化两种,其中采动活化与断层产状和工作面开采影响密切相关。11011 工作面基本是在断层上盘向断层推进,但也有相反的情况,通过数值分析研究,可认识差异,更好地指导工作面采取针对性的防治水措施。

3.2.1 数值模拟方法

3.2.1.1 计算方法概述

随着计算机技术的飞速发展,数值分析方法近年来有了较快发展。模型试验需要一定的试验经费,工程实例数据往往不具典型代表性,而数值模拟方法以其经济高效的特点得到了广泛应用。常用的数值分析方法包括有限元法、有限差分法、离散元法、数值流形法等,目前基于上述方法开发出的软件有上百种,因此需要根据工程的实际情况合理地选取软件进行模拟计算。

有限元法将研究对象视为连续体,通过离散化,建立近似函数把有界区域内的无限问题简化为有限问题,通过求解联立方程,对工程问题进行分析。有限元法的应用十分广泛,几乎可以用于所有工程计算问题,但对于大变形问题、岩体中不连续面、无限域和应力集中等问题的求解还不够理想。

有限差分法是将基本方程和边界条件下的微分方程改换成代数方程求解,差分法又细分为隐式差分和显式差分。基于有限差分原理的显式有限差分程序 FLAC^{3D},可以有效模拟非线性系统的大变形力学过程。

20 世纪 70 年代初 Cundall 提出了离散单元法,该法将裂隙面所分割的岩体视为复杂的块体的集合体,允许各个块体可以转动或平移,甚至相互分离。离散元法将非连续性力学介质离散为多边形块体单元,各块之间不受变形协调的约束,只需满足平衡方程。离散元法适用于求解非连续介质大变形问题,在研究节理化岩体、碎裂结构岩体边坡的变形和破坏过程中得到了广泛应用。

数值流形法将非连续变形分析与有限元统一起来,统一解决了连续与非连续变形的力学问题。

承压水体上煤层开采分析是关系煤层开挖后下伏岩层移动变形的非线性大变形问题,显式有限差分程序 FLAC^{3D}可以高效地解决这类问题,加之 FLAC^{3D}软件近几年被快速地推广应用,其在煤矿采动影响方面的一些计算结果也得到了人们的认可。所以,本书拟选用 FLAC^{3D}软件进行数值模拟分析。

FLAC^{3D}可以在仅考虑渗流作用的条件下,单独进行流体计算,也可以同时考虑应力和渗流问题,进行固体与流体的耦合计算,也就是常说的流固耦合计算。比如土体的固结,就是一种典型的流固耦合现象,在土体固结过程中超孔隙水压力的逐渐消散导致土体发生沉降,在这个过程中包含两种力学效应:孔隙水压力的改变导致了有效应力的改变,从而影响土体的力学性能,如有效应力的减小可能使土体达到塑性屈服;土体中的流体会对土体体积的改变产生反作用,表现为流体孔压的变化。

FLAC^{3D}渗流计算具有以下特点:

针对不同材料的渗流特点,提供三种渗流模型:各向同性(MODEL fl_isotropic)、各向异性(MODEL fl_anisotropic)及不透水模型(MODEL fl_null)。

不同单元可以赋予不同的渗流模型和渗流参数。

提供了丰富而又实用的流体边界条件,包括流体压力、涌入量、渗流量、不可渗透边界、抽水井、点源或体积源等。

计算完全饱和土体的渗流问题,可以采用显式差分法或者隐式差分法,其中隐式差分法有较快的计算速度;而非饱和渗流问题只能采用显式差分法。

渗流模型可以与固体(力学)模型、热模型进行耦合。

流体和固体的耦合程度依赖于土体颗粒的压缩程度,用 Biot 系数表示颗粒的可压缩程度。

该软件还适用于模拟计算地质材料的力学行为,特别是材料达到屈服极限后产生的塑性流动。由于 FLAC^{3D}软件主要是为岩土工程应用而开发的岩石力学计算程序,它包括了反映地质材料力学效应的特殊计算功能,可计算孔隙介质的应力-渗流耦合(比如土体的固结)、地质类材料的高度非线性(包括应变硬化/软化)、不可逆剪切破坏和压密、黏弹(蠕变)、热-力耦合以及动力学问题等。另外,程序设有界面单元,可以模拟断层、节理和摩擦边界的滑动、张开和闭合行为。支护结构,如砌衬、锚杆、可缩性支架或板壳等与围岩的相互作用也可以在 FLAC³D 中进行模拟分析。

FLAC³D 采用显式算法来获得模型全部运动方程(包括内变量)的时间步长解,从而可以追踪材料的渐进破坏和垮落,这对研究设计是非常重要的。此外,程序允许输入多种材料类型,亦可在计算过程中改变某个局部材料参数,增强了程序使用的灵活性。

3.2.1.2 应力-渗流耦合的有限差分方法

根据耦合分析的基本原理可知,地下水渗透产生的动水压力可改变岩体原始应力状态,而动水压力又直接依赖于岩体的渗透系数矩阵。

均质、各向同性固体和恒流液体的达西定律可表示为:

$$q_i = -k[p - \rho_f x_j g_i] \tag{3-1}$$

式中 k——渗透系数,$\mathrm{m^4/Ns}$;

ρ_f——流体密度,$\mathrm{kg/m^3}$;

g_i——重力矢量的三个分量,$\mathrm{m/s^2}$。

小变形流体的平衡可由下式表达:

$$\frac{\partial \zeta}{\partial t} = -q_{i,i} + q_v \tag{3-2}$$

式中 $q_{i,i}$——特定的流体矢量,$\mathrm{m/s}$;

q_v——流体源头流动强度,$1/\mathrm{sec}$;

ζ——流量的变化,即每单位孔隙介质中由于流体扩散造成的流体体积变化。

渗流本构方程可表示为:

$$\frac{\partial \zeta}{\partial t} = \frac{1}{M} \frac{\partial p}{\partial t} + \alpha \frac{\partial \varepsilon}{\partial t} - \beta \frac{\partial T}{\partial t} \tag{3-3}$$

式中 M——Biot 模量,$\mathrm{N/m^2}$;

α——Biot 系数;

β——排水状态下的热系数,$1/\mathrm{℃}$。

把式(5-3)代入式(5-1),可以导出:

$$\frac{1}{M} \frac{\partial p}{\partial t} = -q_{i,i} + q_v^* \tag{3-4}$$

式中:

$$q_v^* = q_v - \alpha \frac{\partial \varepsilon}{\partial t} + \beta \frac{\partial T}{\partial t}$$

渗流-应力耦合的实质是把材料的体积应变对孔隙的影响通过流动本构定律加以反映;反之,孔隙压力变化将引起固体产生变形。

假设体积应变 ε_{ij} 与总应力为线性关系,另外考虑介质中孔隙压力 p 的作用,那么,固流耦合增量形式的本构关系为:

$$\Delta \sigma_{ij} + \alpha \Delta p \delta_{ij} = H_{ij}^* (\sigma_{ij}, \Delta \varepsilon_{ij} - \Delta \varepsilon_{ij}^T) \tag{3-5}$$

式中 $\Delta \sigma_{ij}$——协旋转应力增量;

H_{ij}^*——给定的函数;

ε_{ij}——总应变;

ε_{ij}^T——热应变;

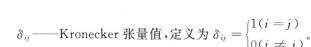
δ_{ij}——Kronecker 张量值,定义为 $\delta_{ij} = \begin{cases} 1(i=j) \\ 0(i \neq j) \end{cases}$。

流体本构定律增量形式有如下表达形式:

$$\Delta p = -aM\Delta\varepsilon \tag{3-6}$$

采用弹性本构关系的增量形式:

$$\sigma_{ij} - \sigma_{ij}^0 + a(p-p_0)\delta_{ij} = 2G(\varepsilon_{ij} - \varepsilon_{ij}^\mathrm{T}) + \left(K - \frac{2}{3}G\right)(\varepsilon_{kk} - \varepsilon_{kk}^\mathrm{T}) \tag{3-7}$$

描述在一个时步间隔内的应力-应变本构关系可以表达为:

$$\frac{2}{3}\Delta\sigma_{ii} = (K + a^2 M)\Delta\varepsilon \tag{3-8}$$

渗流-应力耦合问题的平衡方程表达式为:

$$\frac{E}{2(1+\upsilon)}u_{i,jj} + \frac{E}{2(1+\upsilon)(1-2\upsilon)}u_{k,ki} + \alpha p_i = 0 \tag{3-9}$$

式中　u_i——在 x_i 方向的位移;

　　α——压力系数 $\alpha = 1 - K_s/K_g$;其中,K_s 为孔隙介质的体积模量,K_g 为颗粒的体积模量。

在恒定流条件下,由达西定律可得到以下流动方程:

$$\nabla[K(\sigma)\nabla p] = 0 \tag{3-10}$$

式中　$K(\sigma)$——与应力有关的渗透系数。

由质量平衡方程的节点表达式可知,在每个总节点处满足所有汇聚该节点的单元体等价的节点流量与边界源流分配在该节点的流量之和为零。从初始孔隙压力场开始,用向前差分方式,在增量时间上节点孔隙压力由下式依次更新:

$$\overset{n}{\rho}_{<t+\Delta t>} = \overset{n}{\rho}_{<t>} + \Delta\overset{n}{\rho}_{v<t>} + \Delta\overset{n}{\rho}_{<t>} \tag{3-11}$$

式中,v 是单元体体积;$n=1,2,\cdots$代表每个节点。

$$\Delta\overset{n}{\rho}_{<t>} = x^n\left[Q_{T<t>}^n + \sum Q_{app<t>}^n\right] \tag{3-12}$$

$$x^n = -\frac{M^n}{V^n}\Delta t \tag{3-13}$$

$$\sum Q_{app}^n = -\sum\left[q_v\frac{v}{4} + Q_w\right]^n \tag{3-14}$$

$$v^n = \sum\left(\frac{v}{4}\right)^n \tag{3-15}$$

$$\Delta\overset{n}{\rho}_{v<t>} = -\frac{M^n}{V^n}\left[\sum\left(a\Delta\varepsilon\frac{v}{4}\right)^n - \sum\left(\beta\Delta T\frac{v}{4}\right)^n\right]_{<t>} \tag{3-16}$$

在渗流-应力耦合有限差分计算中,对于 q_v^*,将达西定律(5-1)和质量平衡方程用到恒流单元体中。与力学计算建模相同,数值算法基于节点质量平衡方程建模。

3.2.2　数值模拟成果

3.2.2.1　地质条件

模拟选用赵固二矿 11011 工作面。断层倾向与工作面推进方向有一致的,也有反向的。

选取 F_{109} 断层为例,模拟断层受采动活化影响,并且以该断层为中心建立模型。顶、底板岩层的力学参数见表 3-2。

表 3-2　岩层力学参数

岩层	泊松比	弹性模量/GPa	内摩擦角/(°)	黏聚力/MPa	抗拉强度/MPa
覆岩	0.23	25.0	31	8.0	1.3
砂岩	0.25	27.5	35	8.7	1.5
二₁煤	0.25	4.0	20	0.8	1.3
细粒砂岩	0.26	28.5	35	8.5	1.7
L_8	0.30	50.0	40	36	5.3
L_7	0.30	50.0	40	36	5.3
砂质泥岩	0.28	31.0	36	8.2	2.1
L_5	0.30	50.0	40	36	5.3
中粒砂岩	0.26	28.5	35	8.5	1.7
泥岩	0.24	26.0	32	8.5	1.4
L_3	0.30	50.0	40	36	5.3
L_2	0.30	50.0	40	36	5.3
细砂	0.26	28.5	35	8.5	1.7
奥灰岩	0.33	52.1	41	35	5.8
断层	0.4	2.7	40	0.9	0.2

3.2.2.2　模型的建立

主采煤层为二₁煤层,选取胶带运输巷揭露的 F_{109} 断层,以该断层为中心建立模型。模拟在采煤过程中,存在导水断层时,工作面安全煤柱的留设及工作面发生突水的过程;模拟研究合理的保护煤柱留设等问题。

建立模型长度为 465 m,倾向宽度为 200 m,模型高为 180 m,如图 3-9 和图 3-10 所示,分别模拟了工作面布置在断层上盘与断层下盘时,保护煤柱的留设问题。当工作面布置在断层下盘时,模拟了保护煤柱为 90 m、70 m、50 m、30 m 和开挖到断层时,断层的导水性及

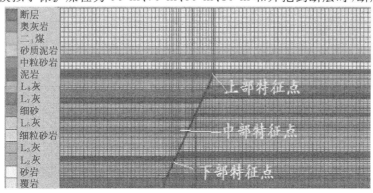

图 3-9　模型平面图

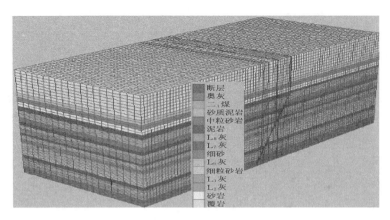

图 3-10　模型立体图

对工作面开采的威胁；当工作面布置在断层上盘时，模拟了保护煤柱为 160 m、150 m、130 m、110 m、90 m、70 m、50 m、30 m 和开挖到断层时，断层的导水性及对工作面开采的威胁；从断层上下盘及不同距离保护煤柱的留设方面研究了断层活化突水的相关问题。

为了更好地分析断层活化规律，在断层的上、中、下三部分布置位移特征点，来测量采动条件下断层活化时位移的变化情况。选取的三个特征点分别为：断层上部 $i_d = 3$，(45 0 80)；断层中部 $i_d = 5$，(0 0 0)；断层下部 $i_d = 4$，(1 0 20)。

3.2.2.3　工作面布置在断层下盘模拟分析

（1）围岩破坏场与渗流场耦合

如图 3-11～图 3-15 所示，主要研究留设不同大小保护煤柱时，断层周边渗流场与塑性破坏场的相互耦合贯通，以及断层突水的一般规律。选择在距模型右边界 90 m 处开切眼，分别模拟了煤柱留设为 90 m、70 m、50 m、30 m 和开挖到断层附近时，断层周边渗流场与塑性破坏场的相互耦合贯通。

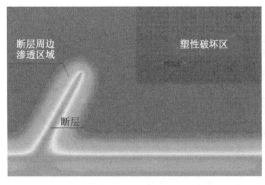

图 3-11　保护煤柱距离 90 m

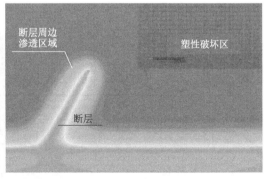

图 3-12　保护煤柱距离 70 m

分析围岩破坏场与渗流场的耦合云图，可得如下结论：

① 导水断层孔隙水压力场整体与断层的地质特征一致，沿着断层上下盘形成一定的渗流场。断层的横断面积非常大，在相同水力条件下，渗透区域远大于其他特殊的导水构造。孔隙水压力由断层向四周扩散，并不断减小，在某个临界面变为零；将此临界面视为渗流场

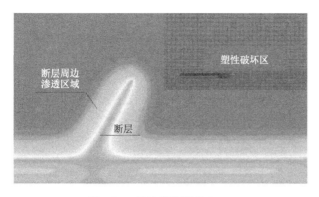

图 3-13 保护煤柱距离 50 m

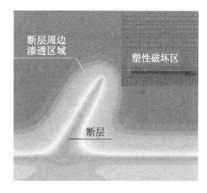

图 3-14 保护煤柱距离 30 m

的临时边界。当工作面距离渗流场较远,采动影响不会波及断层周边渗流场。

② 随着工作面的开挖,工作面前方围岩塑性破坏区不断前移,与断层周边的渗透区域不断接近。围岩破坏场与断层周边渗流场从原始的相对无联系状态,渐渐发展为相互联系、相互贯通。

③ 当保护煤柱水平距离小于 40 m 时,围岩塑性破坏场与渗流场渐渐耦合。塑性破坏区渗透系数急剧变化,渗流场边缘为不连续状态,塑性破坏区对其产生导向作用。断层周边渗流场与工作面前方的塑性破坏场渐渐开始贯通,断层突水的危险通道渐渐形成。

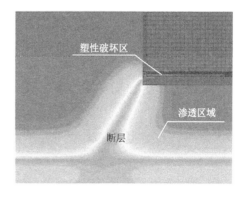

图 3-15 开挖到断层

④ 由于底板非常大,渗流场波及范围亦很大。工作面开挖时,工作面底板近处水压力小于 1 MPa,会发生一定程度的渗水。随着保护煤柱留设距离的减小,突水危险性不断增大。

(2) 应力场分析

随着保护煤柱留设距离的不断减小,各应力场分布如图 3-16～图 3-20 所示。

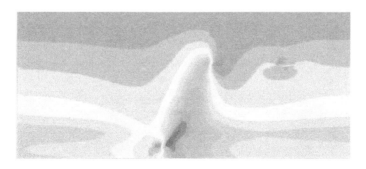

图 3-16 保护煤柱距离 90 m

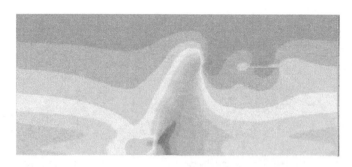

图 3-17　保护煤柱距离 70 m

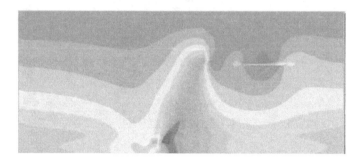

图 3-18　保护煤柱距离 50 m

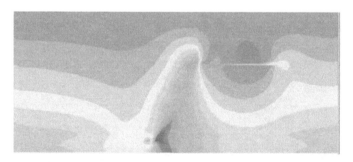

图 3-19　保护煤柱距离 30 m

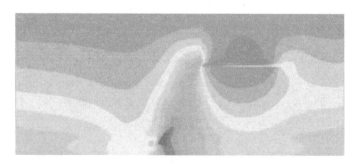

图 3-20　开挖到断层

分析围岩破坏场与渗流场的应力云图,可得如下结论:

① 开采前,断层作为一种特殊构造,其周围产生一定程度的应力集中,初始应力大于周边原岩应力;工作面开采后,工作面围岩应力集中,工作面前方集中应力大于 12 MPa。

② 工作面开采以后,围岩应力因扰动而变化,断层周边应力重新分布,造成应力场重新分布,塑性破坏场亦有所变化。当保护煤柱距离小于 40 m 时,断层周边应力场渐渐波及工作面端头,工作面端头集中应力与断层集中应力开始相互联系;当保护煤柱距离小于 30 m 时,工作面端头集中应力急剧减小,与断层上端部应力耦合在一起,工作面破坏距离增大。

③ 断层作为一种特殊的构造,在煤层开采中有着特别的含义。断层在形成的过程中对围岩应力已经产生影响;当工作面开采以后,新的采动空间对围岩应力产生新的影响。采动应力随着工作面推进不断变化。工作面推进到一定距离,采动应力场与断层周边应力场相互联系,在应力作用下,围岩开始承受新的扰动。

④ 与含水灰岩导通的导水断层自身的水压力紧紧渗透到围岩应力场中,与围岩应力场耦合在一起。在断层水压力和围岩应力场的耦合作用下,围岩发生塑性破坏、水压致裂和渗流等不同形式的耦合破坏。当保护煤柱减小到一定距离时,工作面发生渗水乃至突水等灾害。

（3）位移场分析

研究不同保护煤柱的留设对底板位移的影响,位移分析通过特征点实现。在模型中的断层附近选取三个特征点,如图 3-9 所示,记录位移变化。记录模拟过程中,随着保护煤柱留设距离的不断减小,工作面底板位移场分布情况,如图 3-21~图 3-23 所示。

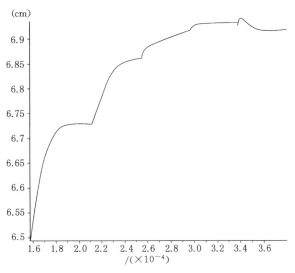

图 3-21　断层上部特征点 1

各特征点的位移随着留设保护煤柱距离的减小,整体呈现增大趋势;保护煤柱距离的减小,断层下盘集中应力不断增加,底板承受的垂向应力亦不断增加,使得底板位移不断增大。断层上部特征点的位移要大于断层中下部特征点的位移。随着工作面的开采,采空区不断增大,底板位移呈现增大趋势。

3.2.2.4　工作面布置在断层上盘模拟分析

本次模拟将工作面布置于断层上盘,研究不同距离保护煤柱留设时,围岩塑性破坏场与渗流场的耦合分析,以及采动过程中,存在断层时应力场和位移场的研究分析。

（1）围岩塑性破坏场与渗流场耦合分析

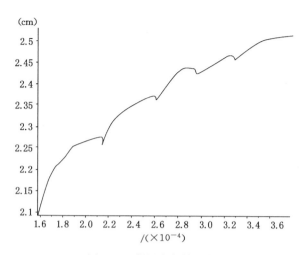

图 3-22　断层中部特征点 2

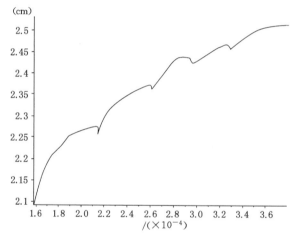

图 3-23　断层下部特征点 3

如图 3-24～图 3-30 所示,主要研究留设不同大小保护煤柱时,断层周边渗流场与塑性破坏场的相互耦合贯通,以及断层突水的一般规律。选择在距模型左边界 110 m 处开切眼,分别模拟了煤柱留设为 130 m、110 m、90 m、70 m、50 m、30 m 和开挖到断层时,断层周边渗流场与塑性破坏场的相互耦合贯通。

分析围岩破坏场与渗流场的耦合云图,可得如下结论:

① 导水断层孔隙水压力场分布与工作面布置于下盘时分布一致,沿着断层上下盘形成一定的渗流场。断层的横断面积非常大,在相同水力条件下,渗透区域远大于其他特殊的导水构造。孔隙水压力由断层向四周扩散,并不断减小,在某个临界面变为零;将此临界面视为渗流场的临时边界。当工作面距离渗流场较远,采动影响不会波及断层周边渗流场。

② 工作面破坏场与渗流场的耦合分析与断层下盘开采时原理基本一致。随着工作面的开挖,工作面前方围岩塑性破坏区不断前移,与断层周边的渗透区域不断接近。围岩破坏

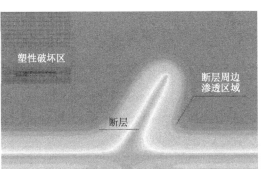

图 3-24　保护煤柱距离 130 m

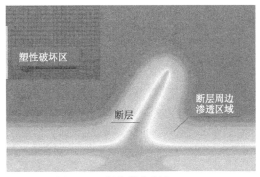

图 3-25　保护煤柱距离 110 m

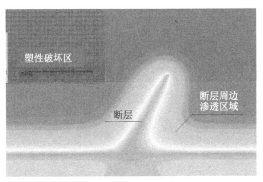

图 3-26　保护煤柱距离 90 m

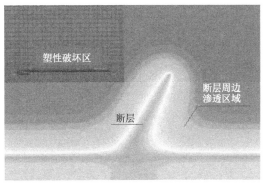

图 3-27　保护煤柱距离 70 m

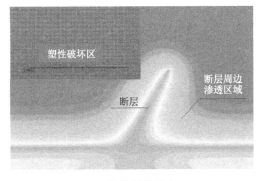

图 3-28　保护煤柱距离 50 m

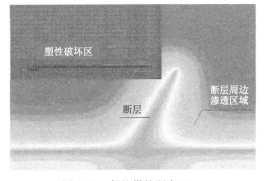

图 3-29　保护煤柱距离 30 m

场与断层周边渗流场从原始的相对无联系状态,渐渐发展为相互联系、相互贯通。

③ 当选择工作面上盘开采时,保护煤柱水平距离约 70 m 时,围岩塑性破坏场与渗流场渐渐耦合。塑性破坏区渗透系数急剧变化,渗流场边缘为不连续状态,塑性破坏区对其产生导向作用。断层周边渗流场与工作面前方的塑性破坏场渐渐开始贯通,断层突水的危险通道渐渐形成。

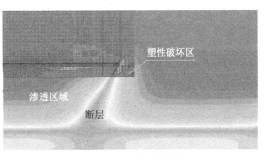

图 3-30　开挖到断层

④ 由于底板非常大,渗流场波及范围亦很大。随着工作面的开挖,工作面底板近处水压力小于 1 MPa,会发生一定程度的渗水。随着保护煤柱留设距离的减小,突水危险性不断增大。

(2) 应力场分析

随着保护煤柱留设距离的不断减小,各应力场分布如图 3-31~图 3-37 所示。

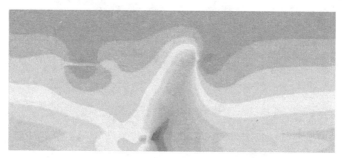

图 3-31　保护煤柱距离 130 m

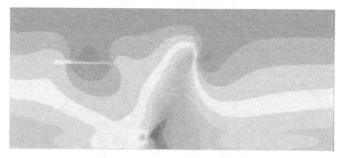

图 3-32　保护煤柱距离 110 m

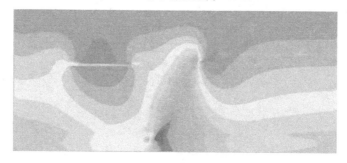

图 3-33　保护煤柱距离 90 m

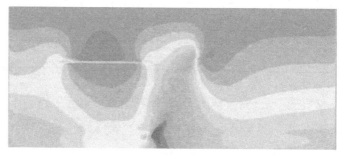

图 3-34　保护煤柱距离 70 m

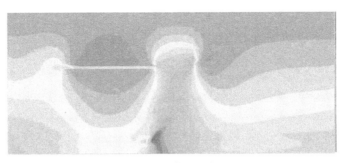

图 3-35　保护煤柱距离 50 m

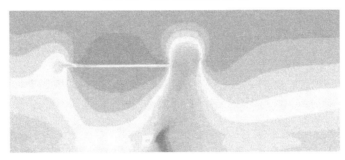

图 3-36　保护煤柱距离 30 m

图 3-37　开挖到断层

分析围岩破坏场与渗流场的应力云图,可得如下结论:

① 开采前,断层作为一种特殊构造,其周围产生一定程度的应力集中,初始应力大于周边原岩应力;工作面开采后,断层上下盘应力重新分布,最大位置处于工作面下盘,集中应力大于 12 MPa;当保护煤柱为 30 m 时,断层下盘集中应力高达 13.716 MPa。

② 工作面开采以后,围岩应力因扰动而变化,断层周边应力重新分布,造成应力场重新分布,塑性破坏场亦有所变化。当保护煤柱距离约 70 m 时,断层周边应力场渐渐波及工作面端头,工作面端头集中应力与断层集中应力开始相互联系;当保护煤柱距离小于 30 m 时,工作面端头集中应力急剧减小,与断层上端部集中应力紧紧耦合在一起,工作面破坏距离增大。

③ 与布置于工作面的下盘相比较,工作面开采时,造成断层活化,因而产生的断层应力集中相比较下盘开采要大。破坏场与渗流场耦合距离更大,应力场扰动范围亦较大。

(3)位移场分析

位移场分析与工作面布置于断层下盘时的研究方法相同。研究不同保护煤柱的留设对底板位移的影响,位移场分析通过特征点实现,在模型中的断层附近选取三个特征点,如图3-9所示。记录位移变化情况。记录模拟过程中,随着保护煤柱留设距离的不断变化,工作面底板位移场分布情况,如图3-38~图3-40所示。

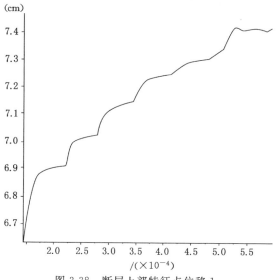

图 3-38　断层上部特征点位移 1

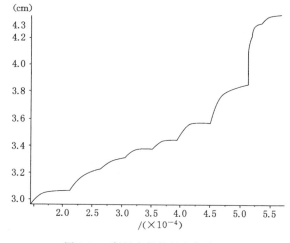

图 3-39　断层中部特征点位移 2

各特征点的位移随着留设保护煤柱距离的减小,整体呈现增大趋势;保护煤柱距离减小,断层下盘集中应力不断增加,底板承受的垂向应力亦不断增加,使得底板位移不断增大。

断层上部特征点的位移要大于断层中下部特征点的位移。随着工作面的开采,采空区不断增大,底板位移呈现增大趋势。

与断层下盘开采相比较,底板位移整体略高于断层上盘开采。断层上盘承受的垂向应力较断层下盘要大。

(4)断层上、下盘受采动影响位移量

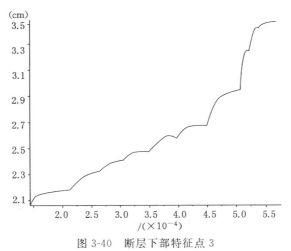

图 3-40　断层下部特征点 3

随着工作面的开采,采空区不断增大,底板位移呈现增大趋势。

分析断层上下盘特征点位移变化(图 3-41),可以看出:无论选择在断层上盘开挖还是在断层下盘开挖,两种情况所选择的断层上、中、下三个特征点的位移以断层上部为大,往下位移相继减小,断层上盘位移整体高于断层下盘。比较上下盘而言,上盘三个特征点位移较下盘特征点位移分别增大为 1.072、1.72、1.4。可以看出,断层上盘在开采过程中底板位移量较大,断层上盘承受的垂向应力较断层下盘要大。通过应力场图可以看出,断层上盘开采时最大集中应力较下盘开采时要大,上盘开采时最大集中应力约为下盘开采的 1.5 倍。

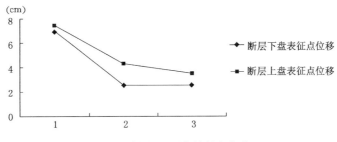

图 3-41　断层上、下盘特征点位移

3.3　断层突水的防治措施

3.3.1　断层预加固工程

赵固二矿分别对 F_{105}、F_{107}、F_{109} 断层进行了预加固,此处以 F_{105} 断层加固为例说明断层预加固工程设计。

3.3.1.1　F_{105} 断层情况

F_{105} 断层在 11011 工作面运输巷通尺 388 m 处被揭露,在通尺 401.3 m 处脱离巷道。该断层倾向为 209°,倾角为 62°,落差为 2.6 m。

3.3.1.2 钻孔的布置及参数

（1）钻孔的布置

在 11011 工作面运输巷通尺 509.4 m 处上帮 5# 钻场内施工 5-1、5-2、5-3 钻孔，在 11011 工作面运输巷通尺 461.4 m 处下帮 4# 钻场内施工 4-1、4-2、4-3 钻孔，钻孔终孔深度控制在 L8 灰岩底板下垂距 15 m。钻进过程中，如果有水就进行注浆改造，如果无水则封孔。

如以上钻孔不能满足要求，可根据钻孔揭露的水文地质资料适当增加钻孔，增加钻孔以工程联系单的形式通知施工单位。

（2）钻孔参数

钻孔参数见表 3-3 和表 3-4。

表 3-3 5# 钻场钻孔参数表

孔号	预计孔深 /m	终孔层位	开孔方位角 /(°)	开孔倾角 /(°)	一级套管	二级套管	三级套管	备注
5-1	64.4	L8 灰岩底向下垂距 15 m	165	−55.3	ϕ146 mm，二1 煤层底板下垂距 6 m	ϕ127 mm，L9 灰岩底板下垂距 1 m	ϕ108 mm，L8 灰岩顶 4 m	探水、注浆孔
5-2	83.5	L8 灰岩底向下垂距 15 m	155	−39.4	ϕ146 mm，二1 煤层底板下垂距 6 m	ϕ127 mm，L9 灰岩底板下垂距 1 m	ϕ108 mm，L8 灰岩顶 4 m	探水、注浆孔
5-3	88.1	L8 灰岩底向下垂距 15 m	146	−36	ϕ146 mm，二1 煤层底板下垂距 6 m	ϕ127 mm，L9 灰岩底板下垂距 1 m	ϕ108 mm，L8 灰岩顶 4 m	探水、注浆孔

表 3-4 4# 钻场钻孔参数表

孔号	预计孔深 /m	终孔层位	开孔方位角 /(°)	开孔倾角 /(°)	一级套管	二级套管	三级套管	备注
4-1	78.2	L8 灰岩底向下垂距 15 m	131	−42.6	ϕ146 mm，二1 煤层底板下垂距 6 m	ϕ127 mm，L9 灰岩底板下垂距 1 m	ϕ108 mm，L8 灰岩顶 4 m	探水、注浆孔
4-2	84.3	L8 灰岩底向下垂距 15 m	139	−39	ϕ146 mm，二1 煤层底板下垂距 6 m	ϕ127 mm，L9 灰岩底板下垂距 1 m	ϕ108 mm，L8 灰岩顶 4 m	探水、注浆孔
4-3	58	L8 灰岩底向下垂距 15 m	157	−66	ϕ146 mm，二1 煤层底板下垂距 6 m	ϕ127 mm，L9 灰岩底板下垂距 1 m	ϕ108 mm，L8 灰岩顶 4 m	探水、注浆孔

（3）钻孔结构及要求

开孔至二$_1$煤层底板下垂距 6 m 段，孔径 ϕ150 mm，下入 ϕ146 mm 套管；二$_1$煤层底板下垂距 6 m 至 L$_9$灰岩底下垂距 1 m，孔径 ϕ130 mm，下入 ϕ127 mm 套管；L$_9$灰岩底下垂距 1 m 至 L$_8$灰岩顶 3 m，孔径 ϕ110 mm，下入 ϕ108 mm 套管；L$_8$灰岩顶 4 m 至终孔，孔径 ϕ75 mm。

各级套管固管均用单液水泥浆（先稀后稠），扫孔后必须用清水进行耐压试验，试验压力达到要求为合格，否则重新固管、试压，直至达到要求。

（4）钻探设备

钻机选用西安煤科院研制的 ZDY3200S 型钻机，固管用杭钻股份有限公司研制的 3ZD-6/10-22 煤矿专用注浆泵，耐压试验注浆泵选用河北同成科技有限公司产研制的 ZBQ-5/12 气动注浆泵。如钻孔出水量大，钻孔注浆则用地面注浆站进行注浆加固。

3.3.1.3　预注浆要求

① 预注浆：为防止 L$_8$灰岩水窜入 L$_8$灰岩顶板钻孔周围砂岩裂隙中，钻孔揭露 L$_8$灰岩前，钻进施工过程中如有钻孔出水现象，必须见水即注，以封闭钻孔周围裂隙；坚决杜绝有水仍然钻进的施工方式。

② 固管前预注浆：为保证固管效果，防止固管时孔口周围出现渗漏现象，下二级、三级套管前必须进行预注浆，下二级套管前预注浆压力为 11 MPa，下三级套管前预注浆压力为 15 MPa，以封闭孔周围岩层裂隙，确保固管质量；预注浆时应首先采用水灰比为 1∶0.3 的比例，之后根据进浆和压力情况可适时将水灰比增加至 1∶0.7。如果压力仍然达不到要求，可将水灰比调至 1∶1，直至达到注浆压力。

3.3.1.4　注浆固管

① 下二级、三级套管之前须按前述方法进行预注浆工作，要求单液水泥浆先稀后浓，预注浆终压达到要求。

② 预注浆结束待水泥凝固 24 h 后，再扫孔到孔底，进行压水试验，扫孔试压合格、孔内无水时再下套管，然后装上注浆盖向孔内注入水灰比为 1∶1.5 的单液水泥浆，待套管外壁反出浓浆后方可停注。

③ 下二级、三级套管前如钻孔内有涌水，则必须先进行预注浆封水，且不准下套管。

④ 固管注浆采用单液水泥浆，水泥采用新鲜的 P.O 42.5R 普通硅酸水泥，浆液水灰比选用 1∶0.3、1∶1.5 两个级配，施工时可根据情况适当增大浆液浓度，以保证固管质量。

⑤ 各级套管耐压试验标准。根据本次钻探设计要求，各级套管都要加上高压阀门后再进行耐压试验。一级套管耐压试验压力不小于 11 MPa，二级、三级套管耐压试验压力不小于 15 MPa，均要求达到设计压力并稳定 30 min，孔口周围不漏水、套管不活动为合格，否则需重新注浆固管，直至耐压试验合格。

⑥ 三个级别的套管法兰盘要固定在一起使用，保证高压注浆时的套管强度，防止高压注浆时将套管拉断。

3.3.1.5　L$_8$灰岩及断层裂隙带注浆加固

（1）注浆材料

以单液水泥浆为主，水泥采用新鲜的 P.O 42.5R 普通硅酸水泥，并根据现场施工情况，可适量使用水玻璃作为速凝剂。

（2）浆液配比

正常情况下，单液水泥浆的水灰比选用 1∶0.3～1∶1.5，施工时可根据情况酌情配比，浆液使用原则为先稀后浓。

（3）注浆加固工艺

① 钻孔出水后，注浆压力达到 15 MPa。

② 由于井下施工注浆钻孔水压大，要求先用稀水泥浆注，如长时间注浆压力达不到要求，可逐渐增加浆液浓度，但要保证进浆量。

③ 注浆方式采用下行分段式连续性注浆，尽量填实岩溶裂隙。

④ 当浆液已用到最大浓度时，吸浆量仍很大且不见减少，总水泥量达到 200 t 以上，孔口压力又不上升时，应改为间歇性注浆。

⑤ 间歇性注浆仍无压力时，可考虑使用双液浆或注骨料等。

（4）钻孔注浆结束标准

设计注浆终压为 15 MPa，井下注浆压力达到设计要求，泵量改为 80～106 L/min，并稳压 10 min 以上，可结束注浆。

（5）钻孔检验要求

① 待封孔水泥凝固 24 h 后，重新透孔至孔底，若孔内水量小于 2 m³/h，则视为该孔合格，注浆封孔。

② 水泥凝固 24 h 后，重新透孔至孔底，若孔内水量大于 2 m³/h，采用井下注浆方式重新进行注浆。当注浆压力达到设计压力，并持续 10 min 以上，即可结束注浆，进行封孔。如此反复，直至孔内水量小于 2 m³/h，方可视为该孔合格结束。

3.3.2　断层加固效果

3.3.2.1　F₁₀₅ 断层突水注浆加固效果

11011 工作面胶带运输巷 F_{105} 断层注浆加固工程，固管共用水泥 8.85 t，水玻璃 0.6 t，封孔用水泥 1.2 t，注浆用水泥 892.33 t，注浆终压为 12.5.0～15 MPa。其中，下内 4-5 钻孔（图 3-42）出水量为 50 m³/h，注水泥 522.52 t；下外 3-1 注水泥 357.41 t；下外 3-2 钻孔注水泥 2 t；下外 3-4 钻孔出水量为 2 m³/h，注水泥 10.4 t。注浆前单孔最大出水量为 50 m³/h，注浆后每孔出水量均未超过 3 m³/h，且巷道突水点的出水量从初始的 120 m³/h 降低到 5 m³/h。

本次封堵断层水工程施工严格按设计进行，注浆压力和浆液配比符合设计要求，注浆封水效果明显，注浆质量合格，达到设计要求和目的，保证了矿井的安全生产。

3.3.2.2　F₁₀₇ 断层注浆加固效果评价

11011 工作面回风巷 F_{107} 断层注浆加固工程，固管共用水泥 15.05 t，封孔用黏土 29.345 t，注浆用水泥 42.16 t，注浆终压为 14～15 MPa。其中，上内 4-3 钻孔出水量为 6 m³/h，注水泥 87.9；上内 4-8 钻孔出水量为 2 m³/h，注水泥 6.8 t；上内 4-9 钻孔出水量为 2 m³/h，注水泥 1.365 t；上内 4-10 钻孔注水泥 0.52 t。注浆前单孔最大出水量为 30 m³/h，注浆后每孔出水量均未超过 3 m³/h。

本次封堵断层水工程施工严格按设计进行，注浆压力和浆液配比符合设计要求，注浆封水效果明显，注浆质量合格，达到设计要求和目的，保证了矿井的安全生产。

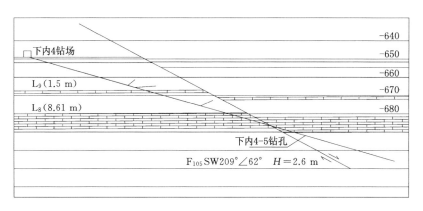

图 3-42 下内 4-5 钻孔布置图

3.3.2.3 F_{109} 断层注浆加固效果评价

11011 工作面胶带运输巷 F_{109} 断层注浆加固工程,固管共用水泥 11.2 t,黏土 75.832 t,注浆用水泥 258.61 t,注浆终压为 12.5～15 MPa。其中,下外 7-2 钻孔出水量为 45 m³/h,注水泥 247.96 t;下内 8-7 钻孔(图 3-43)出水量为 5 m³/h,注水泥 8.74 t;下外 3-4 钻孔出水量为 4 m³/h,注水泥 10.4 t。注浆前单孔最大出水量为 45 m³/h,注浆后每孔出水量均未超过 3 m³/h。

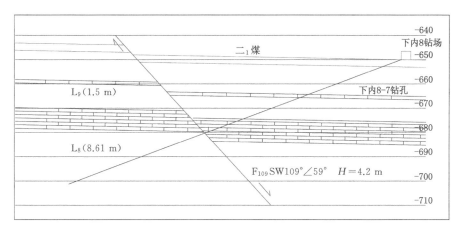

图 3-43 下内 8-7 钻孔布置图

本次封堵断层水工程施工严格按设计进行,注浆压力和浆液配比符合设计要求,注浆封水效果明显,注浆质量合格,达到设计要求和目的,保证了矿井的安全生产。

4 巷道底板突水机理与防治

高水压条件下,常常需要在尚未进行底板加固的情况下进行巷道掘进。巷道抗水灾能力低,滞后突水对施工人员威胁大。通过离散元和三维有限元数值模拟分析,认识到断层对巷道底膨胀量的影响。通过相似模拟试验研究了高水压巷道以及断层影响下的变形特征,设计并实施了破碎巷道增压突水工业性试验,进行了突水过程中多影响因素的动态变化观测。

4.1 巷道变形突水特征及力学机理

4.1.1 巷道的类型

分析赵固二矿的巷道突水资料可以看出,在矿井不同的位置、不同的地质条件、不同的支护条件下,巷道发生底鼓突水的危险性是不一样的。下面对矿井不同类型巷道的简况(包括巷道的位置、用途、断面、支护方式等)做出说明,为探索巷道底鼓突水机理提供基础。

4.1.1.1 一次支护巷道类型

一次支护方式采用锚网(索)+W形钢带+钢筋梯+槽钢梁联合支护。盘区大巷的一次支护和工作面巷道的支护均为此种支护方式,选取Ⅰ盘区回风大巷(东段)为例,对支护方式进行说明。

Ⅰ盘区回风大巷(东段)断面形状为矩形巷道,巷道掘进宽度为 6 020 mm,高度为 3 300 mm,掘进断面积为 19.866 m²。巷道断面图如图 4-1 所示。

① 支护方式:锚网(索)+W形钢带+钢筋梯+槽钢梁联合支护。

② 锚杆规格为 ϕ20 mm×2 400 mm,顶部、帮部锚杆间排距为 800 mm×800 mm,顶部锚固长度为 1 200 mm,帮部锚固长度 900 mm(快速、中速锚固剂各一卷),其中帮部锚杆托盘为 W形钢带,δ10 mm×150 mm×150 mm 托盘配合使用,顶部锚杆托盘为 δ10 mm×150 mm×150 mm 配钢筋梯使用,顶部用长度为 3 260 mm、2 460 mm 的钢筋搭接成 5 560 mm 的钢筋梯,排距 800 mm,每排施工 8 根锚杆,钢筋梯均打在网片接茬处。

③ 槽钢梁锚索规格 ϕ17.8 mm×8 250 mm,锚固长度为 2 400 mm(中速、快速锚固剂各两卷),使用 5 100 mm 的 16# 槽钢梁,间排距为 1 600 mm×1 600 mm,配托盘 δ12 mm×120 mm×120 mm、δ12 mm×80 mm×80 mm 钢板和 δ50 mm×120 mm×120 mm 木垫板配合使用,锚索预应力均不低于 30 MPa。

④ 点锚锚索规格 ϕ17.8 mm×8 250 mm,间排距为 1 600 mm×1 600 mm,锚固长度为 2 400 mm(中速、快速锚固剂各两卷),托盘采用 δ12 mm×400 mm×400 mm、δ12 mm×

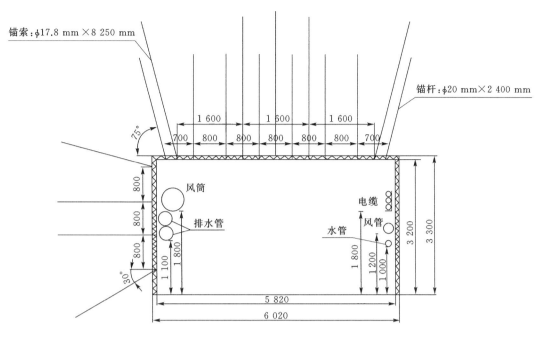

图 4-1　Ⅰ盘区回风大巷(东段)一次支护断面图

200 mm×200 mm、δ50 mm×200 mm×200 mm 木垫板配合使用,点锚索与槽钢梁锚索呈三花状,锚索预应力均不低于 30 MPa。

⑤ 金属网片使用 ϕ5.6 mm 钢筋焊接,网幅为 900 mm×1 700 mm,网片搭接 100 mm,每格用 14$^\#$铁丝绑扎。

⑥ 顶板条件破碎时,适当缩小锚杆、锚索间排距进行补强支护。巷道掘进并支护后在巷道中间跟一排单体液压支柱,单体液压支柱的活柱伸缩量不得低于 400 mm,初撑力不得小于 90 kN。巷道二次支护采用 36$^\#$U 钢棚＋喷浆支护。

4.1.1.2　二次支护巷道类型

盘区大巷都采用锚索网＋12$^\#$工钢棚＋喷浆联合支护。由于巷道进行二次加强支护后,巷道没有出现突水的情况,下面以盘区回风大巷二次支护为例,对支护方式进行说明。巷道断面如图 4-2 所示。

① 锚杆规格 ϕ20 mm×2 400 mm,间排距为 800 mm×800 mm,顶部锚固长度为 1 200 mm,帮部锚固长度为 900 mm(快速、中速锚固剂各一卷),其中帮部锚杆托盘为 W 形钢带、δ10 mm×150 mm×150 mm 托盘配合使用,顶部锚杆托盘为 δ10 mm×150 mm× 150 mm,顶部用长度为 3 260 mm、2 460 mm 的钢筋搭接成 5 560 mm 的钢筋梯,排距为 800 mm,钢筋梯打在网片接茬处。

② 锚索规格 ϕ17.8 mm×8 250 mm,间排距为 1 600 mm×1 600 mm,锚固长度为 2 400 mm(两卷快速锚固剂、两卷中速锚固剂),托盘规格为 5 100 mm 的 16$^\#$ 槽钢梁配 δ12 mm×120 mm×120 mm、δ12 mm×80 mm×80 mm 钢板和 δ50 mm×120 mm× 120 mm木垫板配合使用。

③ 点锚锚索规格 ϕ17.8 mm×8 250 mm,间距为 1 600 mm×1 600 mm,锚固长度为

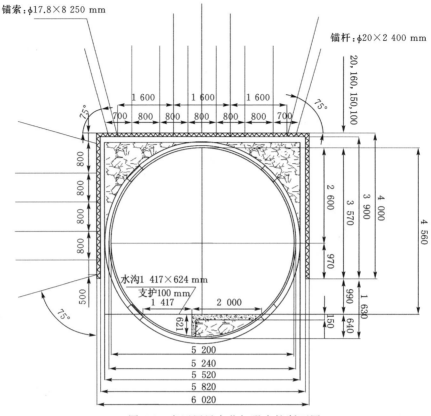

图 4-2　盘区回风大巷加强支护断面图

2 400 mm(两卷快速锚固剂、两卷中速锚固剂),托盘采用 δ10 mm×400 mm×400 mm、
δ12 mm×200 mm×200 mm 和 δ50 mm×200 mm×200 mm 木垫板配合使用。

④ 属网片使用 ϕ5.6 mm 的钢筋焊接,网幅为 900 mm×1 700 mm,网片搭接 100 mm,
每格用 14# 铅丝绑扎。

⑤ 遇特殊条件可增加点锚支护,数量以验收为准。

⑥ U 钢棚间距为中对中 400 mm,底拱下铺设金属网,棚后裱褙煤矸石。

4.1.2　巷道突水特征

赵固二矿对生产形成影响的巷道突水有 4 次,分别为:11011 胶带运输巷掘进期间发生
1 次;Ⅰ盘区东段对生产形成影响的突水共发生 3 次,这三个突水点均集中在Ⅰ盘区上山的
东横贯Ⅴ与 1107 工作面回风眼之间。

4.1.2.1　2010 年 2 月 16 日 11011 胶带运输巷突水

2010 年 2 月 16 日 9 时,在 11011 胶带运输巷 430～470 m 处 F_{105} 断层附近,巷道掘进
后,正在架棚期间,底板瞬间发生底鼓 0.5 m,随后 2 h 内底板鼓起 2.8 m,底鼓长 50 m,初始
水量为 120 m²/h,后稳定为 100 m³/h。

根据水量,采用了先堵后排,即打钻注浆,堵绝水源后进行排水,另外实施 F_{105} 断层注浆
加固工程,最终将水量减小在 1 m³/h。本次突水影响 11011 胶带运输巷的掘进,拖延了建

井时间。

4.1.2.2 2010年6月27日东横贯V突水

2010年6月，东横贯V从I盘区回风巷向南掘到I盘区胶带上山位置时，顶板淋水有20 m³/h，巷道压力不明显，然后沿胶带上山方向向下反掘。到2010年6月27日14时，胶带上山方向向下反掘长度为31 m，东横贯V与胶带上山交叉点周围10 m巷道底板压力突然增大，底板鼓起2 m以上，15时发生突水，最大水量达430 m³/h。后在井下对L_8及L_8底板注浆，到2011年1月，该突水点不再涌水。突水及注浆治理后水文长观孔水位变化见表4-1，由表可见，注浆堵水对减少涌水量的效果是明显的。

表4-1 东横贯V突水治理后水位变化表

日 期	12805(L_8) /m	13151(L_8) /m	13152(L_8) /m	13202(O_2) /m	突水点水量 /(m³/h)	备 注
2010-06-25	+73.89	+55.46	+38.32	+69.71	0	突水前
2010-06-27		+52.61	+37.59	+69.63	430.00	
2010-06-28		+43.51	+35.95	+69.51		
2010-06-29	+73.68	+36.23	+33.38	+69.54		
2010-07-05	+73.30	−11.44	+18.21	+72.06		5日前水量无法测
2010-08-05	+72.36	不能测（孔内有淤泥）		+73.66	110.00	
2010-09-05	+73.79			+80.96	80.00	
2010-10-05	+75.79		7月26日为 −2.39，封孔	>+83.44	65.00	
2010-11-05	+76.49	−38.14		>+83.44	13.90	
2010-12-05	+76.73	−0.59		>+83.44	2.00	

通过表4-1可以看出，最大水量达430 m³/h，L_8灰水文13151孔和13152水位均有变化，其中13151孔较大；O_2水文孔13202水位变化较小，说明该处的突水水源为L_8灰岩水。突水点经过注浆加固后涌水量减少非常明显。

4.1.2.3 东横贯V与1105工作面回风巷交叉口突水

东横贯V向1105工作面回风巷方向掘进中，过I盘区辅运上山位置时巷道没有压力，只是巷道顶板岩层破碎。2011年1月4日21时，当掘到1105工作面回风巷回风眼位置时，东横贯V与I盘区辅运上山交叉点至1105工作面回风巷回风眼巷道底板压力突然增大，底板鼓起2.5 m以上，在东横贯V与I盘区辅运上山交叉点周围发生突水，最大水量达110 m³/h。在1105工作面回风巷1#钻场内施工上1-4孔放水60 m³/h后，该突水点涌水量减小到2 m³/h。突水及注浆治理后水文长观孔水位变化见表4-2。

通过表4-2可以看出，突水后钻孔放水前，L_8灰水文孔12805、13151、2#和3#孔观测水位均变小，其中孔13151、2#、3#孔水位变化较大；钻孔放水后，L_2水文孔、1#孔和O_2水文孔13202水位减小，而L_8灰水文孔12805、13151、2#和3#孔水位回升。分析认为，可能是奥灰放水孔向L_8灰岩补给。

表 4-2　东横贯Ⅴ与 1105 工作面回风巷交叉口突水治理后水位变化表

日　期	12805 (L₈)/m	13151 (L₈)/m	13202 (O₂)/m	1# (L₂) /m	2# (L₈) /m	3# (L₈) /m	4# (O₂) /m	突水点水量 /(m³/h)	备　注
2011-01-02	+76.14	+5.16						0	突水前
2011-01-05	+76.09	−7.35						110	4 日突水
2011-01-10	+75.86	−22.52	结冰					90	
2011-01-14	+75.71	−36.24						63	
2011-01-25	+75.13	−68.74		+54.40	−173.82	−242.60	+67.00	63	
2011-02-05	+73.75	−99.84		+54.60	−151.83	−264.40	+65.70	60	
2011-03-05	+73.69	−125.87	+80.99	+54.10	−279.81	−287.00	+65.40	60	
2011-04-05	+72.27	−156.27	+79.57	+51.50	−257.57	−333.50	+64.40	40	钻孔放水
2011-04-15	+71.90	−148.61	+78.88	+51.80		−216.10	+64.30	22	
2011-04-25	+71.49	−117.24	+78.44	+48.90	−180.4	−110.10	+63.70	15	
2011-05-05	+71.16	−96.41	+77.99	+51.75	−171.13	−89.60	+63.30	12	
2011-06-05	70.03	−87.49	+76.95	+49.16	−179.84	−64.47	+56.80	2	

4.1.2.4　Ⅰ盘区辅运东段突水

2011 年 6 月 6 日,东横贯Ⅵ、1107 工作面回风巷回风眼之间的Ⅰ盘区辅运上山发生底鼓,长度为 70 m,底鼓高度为 0.5 m,最后在 1107 工作面回风巷回风眼与Ⅰ盘区辅运上山交叉点处发生突水,最大水量为 180 m³/h。突水后水文长观孔水位变化见表 4-3。

表 4-3　Ⅰ盘区辅运东段突水治理后水位变化表

日　期	12805 (L₈)/m	13151 (L₈)/m	13202 (O₂)/m	1# (L₂) /m	2# (L₈) /m	3# (L₈) /m	4# (O₂) /m	突水点水量 /(m³/h)	备　注
2011-06-05	+70.03	−85.67	+76.95	+49.16	−179.84	−64.15	+56.80	0	突水前
2011-06-06	+69.99	−87.83	+76.79	+47.85	−191.30	−154.61	+56.50	180	6 日突水
2011-06-07	+70.04	−91.34	+76.74	+46.82	−197.03	−204.90	+55.30	125	
2011-06-08	+69.74	−96.54	+76.64	+45.81	−210.24	−223.10	+55.69	96	
2011-06-09	+69.89	−100.41	+76.56			−277.40	+54.77	119	
2011-06-10	+69.86	−106.30	+76.44	+45.22	−216.20	−301.90	54.30	172	
2011-06-12	+69.71	−118.24	+76.04	+43.99	−253.49	−331.10	+54.18	145	
2011-06-15	+69.38	−138.54	+75.12	+52.45	−297.55	−368.48	+66.52	145	井下改为人工观压
2011-06-20	+68.82	−159.96	+74.67	+37.45	−282.55	−368.48	+66.52	108	
2011-06-25	+6.037	−186.28	+74.53	+37.45	−252.55	−363.68	+66.52	110	

2011 年 6 月 8 日突水点水量为 60 m³/h;6 月 9 日 8 时东横贯Ⅵ与Ⅰ盘区辅运上山交叉点处再次发生底鼓(0.5 m),9 时 30 分东横贯Ⅵ与Ⅰ盘区辅运上山交叉点处发生突水,初始涌水量为 30 m³/h,最大涌水量为 193 m³/h。6 月 9 日后 1107 工作面回风巷回风眼与Ⅰ

盘区辅运上山交叉点处突水点水量逐渐减小,到 6 月 12 日不再涌水。目前,Ⅰ盘区辅运上山的涌水量为 117 m³/h。

通过表 4-3 可以看出,6 月 6 日发生突水后,最大涌水量为 193 m³/h;L₈ 灰水文孔 12805、13151 和井下 2# 、3# 孔水位均变小,其中孔 13151 较大,1# (L₂)孔的水位亦变小;而 O₂水文孔 13202 和 4# 孔水位变化较小。井下改为人工观压后,奥灰孔水回升,而 L₈ 灰岩水位继续下降,进一步说明井下涌水的水源为 L₈ 灰岩水。

总结这四次突水,每次突水 L₈ 灰水文孔 12805、13151、2# 和 3# 观测孔水位都会下降;而奥灰观测孔水位放水时下降,观压时回升,与突水没有必然联系,判断突水水源均为 L₈ 灰岩水;突水均为掘进后突水,具有滞后性;每次突水均带来比较大的问题,严重影响生产或者掘进工期,威胁井下工人的安全,具有危险性。

4.2　破碎岩体巷道变形模拟研究

4.2.1　巷道变形主控因素的离散元分析

针对赵固二矿巷道大变形现象和突水问题,通过离散元分析了水压、断层和巷道宽度等主要影响因素的作用机理。

4.2.1.1　研究方法

(1) Udec 简介

UDEC(Universal Distinct Element Code)是由美国 ltasca 咨询集团有限公司开发的一款基于离散单元法的数值分析软件,目前该软件相当成熟,功能强大,已经在岩土工程、采矿工程、地质工程等领域得到广泛应用,被公认为对节理岩体进行数值模拟的一种行之有效的方法。

UDEC 是针对非连续介质开发的平面离散元程序,在数学求解方式上采用了有限差分方法,力学上则增加了对接触面的非连续力学行为的模拟,因此,UDEC 被普遍用来研究非连续面(如地质结构面)占主导地位的工程问题。

(2) 离散单元法概述

离散单元法最早是由 P.A.Cundall 于 1971 年提出来的一种不连续介质数值分析法。它既能模拟块体受力后的运动,又能模拟块体本身受力变形状态,其基本原理不同于基于最小总势能变分原理的有限单元法,而是建立在最基本的牛顿第二运动定律之上。二维离散元法假定介质由多个刚性块体或多个可变形块体所组成,对于刚性块体,在计算过程中,其形状与大小均不改变,而可变形块体则不受这一限制。

4.2.1.2　软件数值计算的模型和方案

1) 数值模型的建立

(1) 巷道基本情况

赵固二矿Ⅰ盘区胶带运输大巷,巷道开挖采用矩形断面,掘进宽度为 5.48 m,掘进高度为 3.99 m;净宽为 5.28 m,净高为 3.89 m。巷道初期采用锚网支护,锚杆规格为 φ20 mm× 2 400 mm。帮部锚杆间排距为 800 mm×800 mm,锚杆托盘为 W 形钢带、δ10 mm× 150 mm×150 mm 托盘配合使用;顶部锚杆间排距为 800 mm×800 mm,锚杆托盘为钢筋

梯与 δ10 mm×150 mm×150 mm 托盘配合使用,顶部钢筋梯长度为 4 960 mm,锚杆、钢筋梯均打在网片接茬处。帮部、顶部锚杆锚固长度分别为 900 mm、1 200 mm。

巷道埋深 840 m,沿二₁煤顶板掘进,掘进对地面设施无影响。二₁煤底板主要充水含水层为太原组上部灰岩含水层,主要由 L_9、L_8、L_7 灰岩组成,其中 L_8 灰岩发育最好,据揭露该层的 30 个钻孔统计,L_8 含水层厚度一般为 6.77~14.78 m,L_9 灰岩厚度为 0.7~2.58 m,两层灰岩岩溶裂隙较发育,渗透系数为 0.003 6~0.648 m/d。含水层水压可达 7 MPa,在回采过程中,经井下排水后,含水层水压降为 4~5 MPa。本次计算综合考虑采用水压 4.5 MPa。

(2) 模型尺寸及边界条件的确定

本次数值模拟采用 Udec 4.0 软件,计算模型设计为平面应变模型。根据赵固二矿 I 盘区胶带运输大巷相邻 12603 钻孔地质资料,设计模型尺寸为 80 m×60 m,模型的单元根据各岩层的物理力学特性及厚度进行划分。为了详细分析砂土体和岩体变形、屈服及破坏状态,单元划分的密度有所不同。本次模拟根据巷道顶板及两帮的实际支护情况,在巷道顶板及两帮施加锚杆和锚索支护,模型设计如图 4-3 所示。

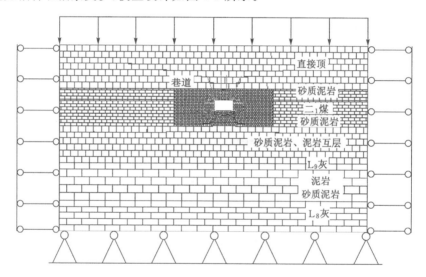

图 4-3 模型设计图

模型的上边界采用应力边界条件,模型上表面按采场上覆岩体的自重考虑(800 m)施加均匀的垂直压应力 9.8 MPa(如图中向下箭头所示);模型的左边界、右边界、底边界采用零位移边界条件,具体约定如下:

① 模型的左右边界为水平位移约束条件,取 $V_x=0$,$U_x=0$(即水平方向的速度矢量和位移矢量均为零)。

② 模型的下边界在水平和竖直方向均固定,即 $V_x=0$,$U_x=0$,$V_y=0$,$U_y=0$,模型的下边界为全约束边界,在下边界施加水压力。

③ 模型上边界为自由边界,计算模型上边界以上的覆岩自重载荷以外载荷的形式作用于上部边界上。

(3) 模型围岩本构关系及岩体力学参数的确定

本次数值模型使用摩尔-库仑塑性模型,在选择围岩力学参数时参照现有的研究成果,即采用裂隙统计、RQD 值、损伤力学理论及位移反分析等多种方法,综合确定岩体的物理力学参数。通过对赵固二矿现有地质资料、实验室力学参数测试,确定出初步的岩体物理力学参数;在此基础上进行位移反分析,最终确定出合理的岩体物理力学参数。本模型涉及巷道底板承压水,因此在模型中加一个流体模块,设置水密度为 1 000 kg/m³,体积模量为 2 GPa,隔水层的渗透系数为 0。

摩尔-库仑塑性模型所涉及的围岩体物理力学参数包括两个方面,即岩块物理力学参数和结构面物理力学参数,分别如表 4-4 和表 4-5 所示,流体相关参数如表 4-6 所示。

表 4-4 模型块体力学参数

岩层	密度	体积模量 /GPa	剪切模量 /GPa	黏聚力 /MPa	内摩擦角 /(°)	抗拉强度 /MPa
L$_8$ 灰	2 800	4	2.2	7	36	2.1
L$_9$ 灰	2 800	4	2.2	7	36	2.1
砂质泥岩	2 700	1.635	0.9	2.5	34	3.1
泥岩	2 600	2.55	1.24	5.5	32	2.2
砂、泥岩互层	2 700	1.635	0.9	3	34	2.5
二$_1$煤	1 520	0.77	0.25	1.25	20	1.3
直接顶	2 700	2	1.24	5.4	35	2.5

表 4-5 模型接触面力学参数

岩层	法向刚度 /GPa	切向刚度 /GPa	黏聚力 /MPa	内摩擦角 /(°)	抗拉强度 /MPa
L$_8$ 灰	3.93	3.93	0	30	0
L$_9$ 灰	3.93	3.93	0	30	0
砂质泥岩	1.835	1.234	0	31	0
泥岩	1.68	1.18	0	28	0
砂、泥岩互层	1.835	1.135	0	31	0
二$_1$煤	2.103	1.2	0	18	0
直接顶	0.91	0.91	0	26	0
断层	0.5	0.5	0	10	0

表 4-6 模型流体参数

岩层	节理张开度/m	节理残余张开度/m	渗透系数
L$_8$ 灰	3.00E−04	1.00E−04	3.00E+02
L$_9$ 灰	3.00E−04	1.00E−04	3.00E+02
砂质泥岩	1.00E−04	5.00E−05	1.00E+02
泥岩	1.00E−04	5.00E−05	1.00E+02

表 4-6(续)

岩层	节理张开度/m	节理残余张开度/m	渗透系数
砂、泥岩互层	1.00E−04	5.00E−05	0
二₁煤	1.50E−04	6.00E−05	0
直接顶	3.00E−04	1.00E−04	0
断层	2.00E−03	1.00E−03	6.00E+02

2）计算方案

数值模拟计算方案分为没有断层等特殊地质条件和有断层等特殊地质条件两种情况，分别进行水压施加在 L_8 灰上、水压施加在 L_9 灰上和不施加水压等三种情况下的数值模拟，计算方案如下：

（1）没有断层等特殊地质条件

① L_8 灰与 L_9 灰不导通时，水压只施加在 L_8 灰上，L_8 灰以上岩层视为隔水层。

② L_8 灰与 L_9 灰导通时，水压同时施加在 L_9 灰与 L_8 灰上，L_9 灰以上岩层视为隔水层。

③ 巷道底板岩层中不施加水压力。

（2）有断层等特殊地质条件

① L_8 灰与 L_9 灰不导通时，水压只施加在 L_8 灰上，L_8 灰以上岩层视为隔水层。

② L_8 灰与 L_9 灰导通时，水压同时施加在 L_9 灰与 L_8 灰上，L_9 灰以上岩层视为隔水层。

③ 巷道底板岩层中不施加水压力。

4.2.1.3　数值模拟成果分析

1）无断层情况

分别模拟底板无水压和水压分别作用在 L_8 灰、L_9 灰底部 3 种方案。

（1）巷道变形及围岩应力解释

图 4-4～图 4-9 是巷道变形图和主应力图，由应力图和巷道变形图可以看出：

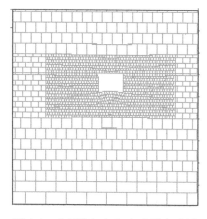

图 4-4　水压施加在 L_8 灰巷道变形图

图 4-5　水压施加在 L_8 灰主应力图

① 巷道开挖后原岩应力发生扰动，巷道围岩应力重新分布，在巷道两帮形成压力集中区，顶板下沉，两帮内挤。

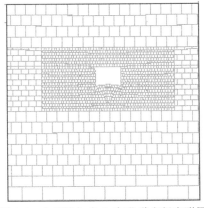

图 4-6　水压施加在 L₉ 灰巷道底板变形图

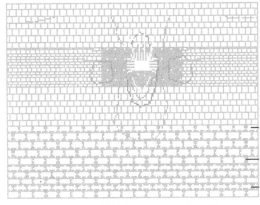

图 4-7　水压施加在 L₉ 灰主应力图

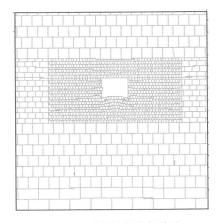

图 4-8　无水压巷道变形图

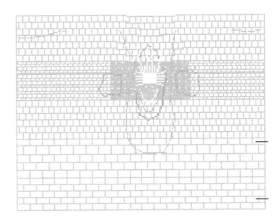

图 4-9　无水压主应力图

② 巷道底板应力卸载,底板发生底鼓。巷道变形量差异较小,表明底板水压不是巷道大变形的主要因素。

③ 3 种方案的主应力图差距不明显,水压对巷道的影响不显著。

（2）巷道围岩塑性区解释

图 4-10～图 4-12 为巷道围岩塑性区图,红色破坏区与绿色破坏区均为剪切破坏,红色破坏区代表正在受到剪切破坏,绿色破坏区代表过去发生过剪切破坏。由围岩塑性区图可以看出:

① 底板及巷道两帮的破坏主要为剪切破坏。

② 围岩塑性区范围较大,且塑性区主要集中在两帮和底板。顶板塑性区范围较小,底板塑性区发育,两帮与底板的交界处破坏较大

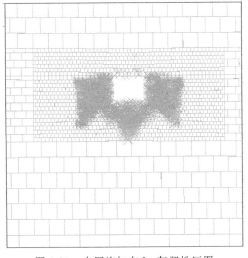

图 4-10　水压施加在 L₈ 灰塑性区图

并向底板深部延伸;底板塑性区范围约为6 m,两帮塑性区范围约为5 m,顶板塑性区范围约为3 m。

③ 当底板无水压时巷道围岩塑性区范围最小,水压施加在 L_9 灰上时巷道围岩塑性区范围最大,但相差并不大,表明水压对底部破坏变形有影响但不是主要影响因素。

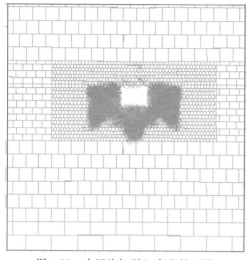

图 4-11　水压施加到 L_9 灰塑性区图

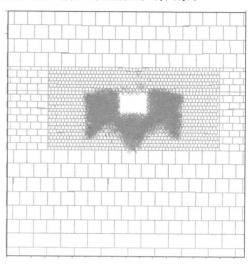

图 4-12　无水压塑性区图

(3)巷道围岩位移矢量分布解释

图 4-13～图 4-15 为巷道围岩位移矢量分布图。由巷道围岩位移矢量分布图可以看出,巷道开挖以后,在巷道顶板、底板与两帮均产生了位移。最大位移发生在底板,位移量约为500 mm;两帮也有较大的位移量,顶板位移量较小,没有发生掉块和严重的失稳现象,巷道还处于基本稳定状态。其中,水压施加在 L_9 灰的底板位移量最大,无水压时底板位移量最小,但差距并不大。

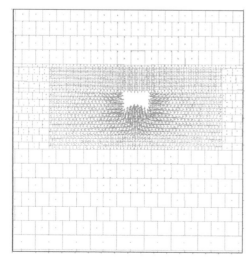

图 4-13　水压施加在 L_8 灰位移矢量图

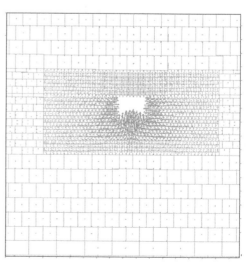

图 4-14　水压施加在 L_9 灰位移矢量图

由以上分析认为:

① 巷道两帮及底板位于煤层中,煤巷裂隙发育,围岩稳定性差,强度低,极易发生底鼓、两帮内挤。巷道顶板为砂质泥岩、砂岩类,强度较高,施加锚网支护后,稳定性增加,塑性区较小。

② 巷道埋深 840 m,巷道围岩应力高,巷道开挖以后围岩应力重新分布,在巷道两帮形成应力集中区。两帮煤岩在高应力作用下发生挤压破坏,两帮内挤,在两帮形成大面积的塑性破坏区。同时,高应力通过两帮传递给底板,使底板受水平应力作用,底板无法承受高水平应力从而产生变形。

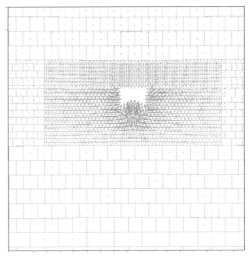

图 4-15 无水压位移矢量图

③ 巷道开挖引起的原岩应力变化以及围岩应力的重新分布,使巷道底板处于自由面状态,底板岩层中储存的弹性能释放,引起底板变形。

④ 在计算中,无水压计算模型、水压加在 L_9 灰和水压施加在 L_8 灰的模型在主应力图、塑性区图和位移矢量图中虽然大小有所差别,但相差并不大,说明水压力对底鼓有影响,但不是主要影响因素。

⑤ 巷道底鼓主要和高地应力以及围岩性质有关。

2)有断层情况

由于为平面应变模型,只能考虑断层走向与巷道走向一致的情况,分别计算无底板水压、水压分别作用在 L_8 灰、L_9 灰底部 3 个方案。

(1)巷道变形图及应力图

图 4-16~图 4-21 是巷道变形图和主应力图,由应力图可以看出:

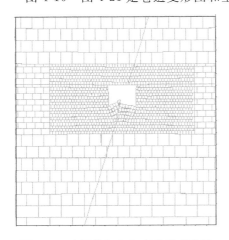

图 4-16 水压施加在 L_9 灰巷道变形图

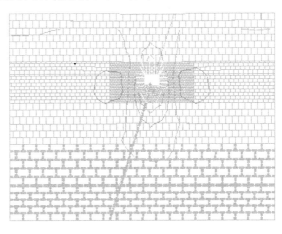

图 4-17 水压施加在 L_9 灰主应力图

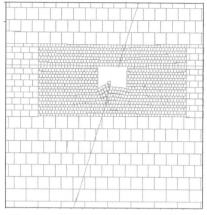

图 4-18　水压施加在 L_8 灰巷道变形图

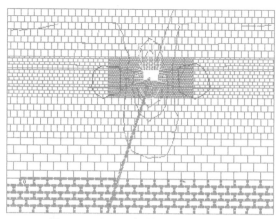

图 4-19　水压施加在 L_8 灰主应力图

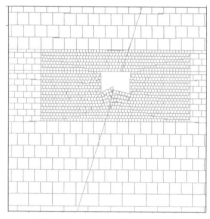

图 4-20　无水压巷道变形图

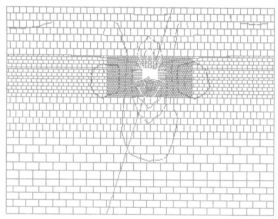

图 4-21　无水压主应力图

① 巷道开挖后原岩应力发生扰动,巷道围岩应力重新分布,在巷道两帮形成压力集中区,顶板下沉,两帮内挤。

② 巷道底板应力卸载,底板发生底鼓。

③ 断层处岩层发生相对滑移、错动,底板发生严重底鼓。L_8 灰、L_9 灰岩水沿断层流向巷道。

（2）塑性区图

图 4-22～图 4-24 为巷道塑性图,其中红色破坏区与绿色破坏区均为剪切破坏,红色破坏区代表正在受到剪切破坏,绿色破坏区代表过去发生过剪切破坏。

由围岩塑性区图可以看出:

① 底板及巷道两帮的破坏主要为剪切破坏。

② 在断层处破坏最严重,塑性区范围

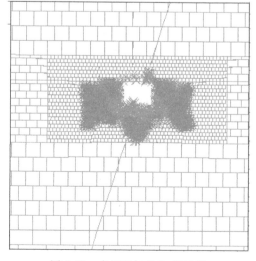

图 4-22　水压施加在 L_9 塑性图

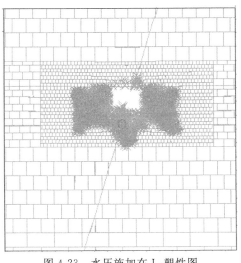

图 4-23　水压施加在 L_8 塑性图

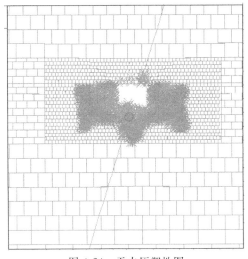

图 4-24　无水压塑性图

最大。

③围岩塑性区范围较大,且塑性区主要集中在两帮和底板。顶板塑性区范围较小,底板塑性区范围较大,两帮与底板的交界处破坏较大并向底板深处延伸;底板塑性区范围约为 7 m,两帮塑性区范围约为 6 m,顶板塑性区范围约为 4 m。

④当底板无水压时巷道围岩塑性区范围最小,水压施加在 L_9 灰时巷道围岩塑性区范围最大。

（3）位移矢量图

图 4-25~图 4-27 为巷道围岩位移矢量图。由巷道围岩位移矢量分布图可以看出,巷道开挖以后,在巷道顶板、底板与两帮均产生了位移。其中,底板位移量最大,底板最大位移发生在底板断层处,断层处底板位移量约为 1 200 mm;两帮也出现较大的位移量,顶板最大位移量出现在断层处,但没有发生掉块。水压施加在 L_9 灰的底板位移量最大,底板没有水压时的底板位移量最小,可见底板存在水压时,水压会加大底板的位移量。距离巷道底板越

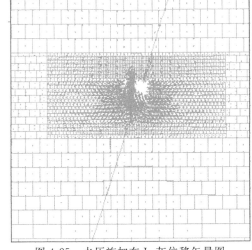

图 4-25　水压施加在 L_9 灰位移矢量图

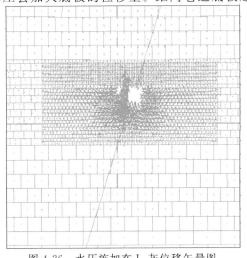

图 4-26　水压施加在 L_8 灰位移矢量图

近,水压对于底板位移量的影响越大。

由以上分析认为:

① 断层处岩层破碎,结构强度低,在高应力作用下底板沿断层发生强烈破坏,引起底板发生严重的底鼓。

② 由于断层的存在,L_8灰、L_9灰中的水沿断层流向巷道。由于L_8灰、L_9灰岩水压高、水量大,将会造成突水危险;底板岩层浸水后,强度降低,更容易破坏,部分岩层会发生膨胀,巷道会产生更严重的底鼓。

3) 特征点位移量综合分析

在模型中取(41,38.5),(42,38.5),(43,38.5),(44,38.5)四个点作为模型的1、2、3、4号特征点,在计算过程中记录特征点的位移量。特征点位置如图4-28、图4-29所示,特征点底板底鼓量如表4-7和表4-8所示,特征点的位移量图如图4-30所示。

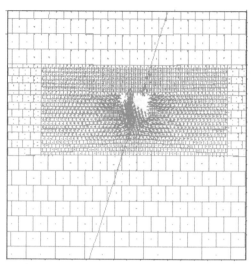

图 4-27　无水压位移矢量图

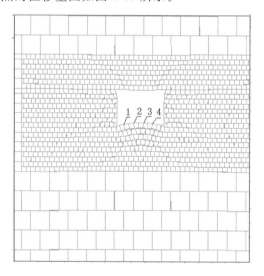

图 4-28　无断层模型特征点位置图

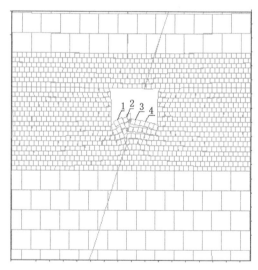

图 4-29　有断层模型特征点位置图

表 4-7　没有断层情况下底板底鼓量

特征点	水压施加在 L_9 灰底鼓量/mm	水压施加在 L_8 灰底鼓量/mm	无水压底鼓量/mm
1	341	330	322
2	472	460	450
3	532	510	497
4	430	407	395

表 4-8 有断层情况下底板底鼓量

特征点	水压施加在 L_9 灰底鼓量/mm	水压施加在 L_8 灰底鼓量/mm	无水压底鼓量/mm
1	600	590	572
2	1 200	1 190	1 150
3	715	702	670
4	520	507	485

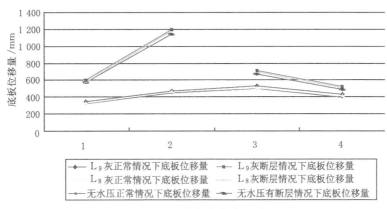

图 4-30 特征点位移量图

由图 4-30 可以看出,在无断层的情况下,水压施加在 L_9 灰时的底板底鼓量曲线整体高于水压施加在 L_8 灰时的底板底鼓量曲线,平均高 3.9%;水压施加在 L_8 灰时的底板底鼓量曲线整体高于不施加水压时的底板底鼓量曲线,平均高 2%。

在有断层的情况下,水压施加在 L_9 灰时的底板底鼓量曲线整体高于水压施加在 L_8 灰时的底板底鼓量曲线,平均高 2%;水压施加在 L_8 灰时的底板底鼓量曲线整体高于不施加水压时的底板底鼓量曲线,平均高 3%。

有断层时巷道底鼓量较无断层时增大 2.56 倍,表明底板岩体的破碎程度是底鼓的关键影响之一。

有断层的情况下,断层上盘位移大于断层下盘位移,出现了明显的位移差,达到 480 mm,为底板出水提供了导水通道。

由此可知:

① 当水压施加在 L_8 灰和 L_9 灰时,底鼓量大于不施加水压时的底鼓量,因此底板岩层中的水压可加大底鼓量;但是这种作用有限,不构成影响底鼓的主要因素。

② 当水压施加在 L_8 灰时,底鼓量小于水压施加在 L_9 灰时的底鼓量,因此高压含水层距离底板越近,对底鼓的影响越大。

4.2.1.4 巷道宽度对底板底鼓的影响

赵固二矿巷道有多种尺寸,应当研究巷道底鼓与巷道大小和形状的关系。为此,在水压加在 L_9 灰的条件下,分别计算巷道宽度为 7 m、5 m 和 3 m 时的巷道底鼓量。

1) 正常情况下

(1) 应力情况分析

如图 4-31～图 4-36 所示,为巷道变形图和主应力图,由图可见:

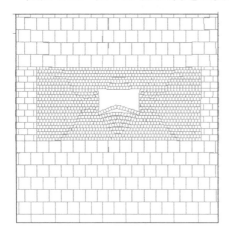

图 4-31　7 m 巷道变形图

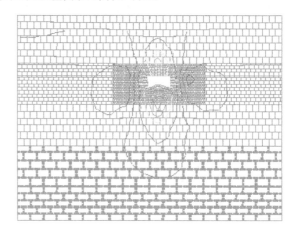

图 4-32　7 m 主应力图

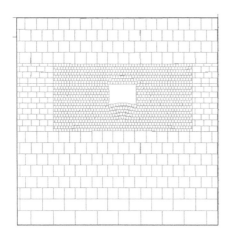

图 4-33　5 m 巷道变形图

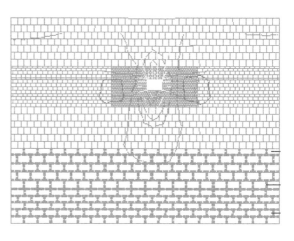

图 4-34　5 m 主应力图

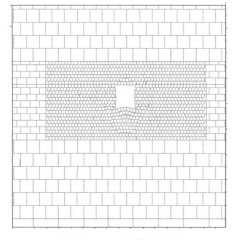

图 4-35　3 m 巷道变形图

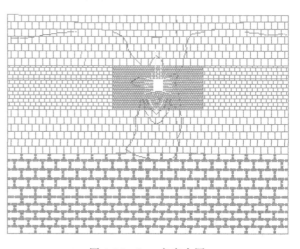

图 4-36　3 m 主应力图

① 巷道宽度为 7 m 时,巷道底鼓量最大;宽度为 3 m 时,底鼓量最小。

② 巷道开挖后原岩应力发生扰动,巷道围岩应力重新分布,在巷道两帮形成应力集中区。其中,巷道宽度为 7 m 时,在两帮的应力集中现象最为明显,最高应力集中达到 14 MPa;宽度为 5 m 时,在两帮的应力集中最高可达 12 MPa;巷道宽度为 3 m 时,两帮的应力集中现象无论是范围还是强度都较前两者明显减小。可见,巷道宽度越宽,巷道两帮形成的应力集中现象越强。

(2) 塑性区图分析

图 4-37～图 4-39 为巷道围岩塑性区图,由塑性区图可以看出:

① 巷道底板及两帮的破坏主要为剪切破坏。

② 围岩塑性区范围较大,且塑性区主要集中在两帮和底板。顶板塑性区范围较小,底板塑性区发育,两帮与底板的交界处破坏较大并向底板深部延伸。

③ 巷道宽度为 7 m 时,塑性区范围最大,底鼓最严重;巷道宽度为 3 m 时,塑性区范围最小,底鼓较轻。

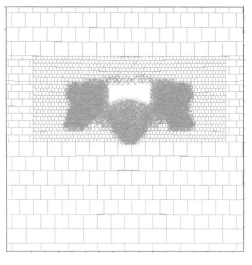

图 4-37　7 m 塑性区图

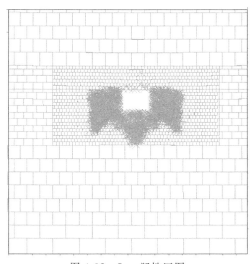

图 4-38　5 m 塑性区图

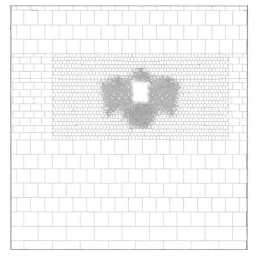

图 4-39　3 m 塑性区图

(3) 巷道位移矢量图

如图 4-40～图 4-42 所示为巷道位移矢量图,由图可见:巷道开挖以后,在巷道顶板、底板与两帮均产生了位移,其中最大位移发生在巷道底板处。巷道宽度为 7 m 时,底板位移量最大;巷道宽度为 3 m 时,底板位移量最小。

(4) 特征点记录的底板位移量

为研究巷道不同宽度时,底板底鼓的情况,在模型中取底板面上的 (41,38.5)、

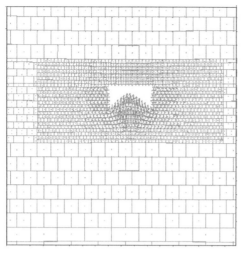

图 4-40　7 m 位移矢量图

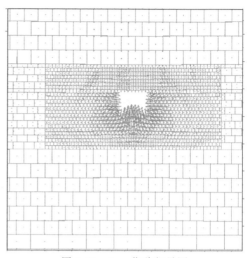

图 4-41　5 m 位移矢量图

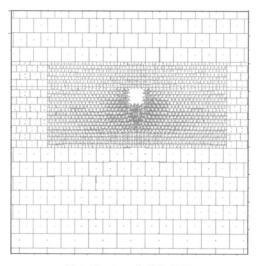

图 4-42　3 m 位移矢量图

(42,38.5)、(43,38.5)、(44,38.5)四个点作为 1、2、3、4 号特征点,记录特征点的位移变化情况,具体数据见表 4-9 和图 4-43。

表 4-9　特征点位移量

巷道宽度/m	位移量/mm			
	1	2	3	4
7	800	1 120	1 150	870
5	341	472	532	430
3	310	375	450	315

由表 4-9 和图 4-43 可见:当巷道宽度为 7 m 时,底鼓量最大为 1 150 mm;当巷道宽度

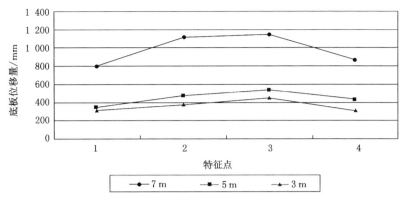

图 4-43 特征点位移量曲线图

为 5 m 时,底鼓量最大为 532 mm;当巷道宽度为 3 m 时,底鼓量最大为 450 mm。巷道宽度为 7 m 时的底鼓量比 5 m 时的底鼓量整体高出近 2 倍,宽度为 5 m 时也比宽度为 3 m 时底鼓量高出近 20%。巷道宽度的加大,导致底鼓量也随之变大。

由以上分析认为:巷道宽度为 7 m 时,巷道两帮的应力集中现象明显;巷道宽度为 3 m 时,巷道两帮的应力集中现象比前者无论是范围还是强度都要小。因此,巷道宽度越宽,引起的巷道两帮应力集中越大,高应力将加大两帮的破坏和内挤,同时加大底板底鼓。

2)断层情况下

(1)应力图分析

如图 4-44～图 4-49 所示为巷道变形图和应力图,由图可见:

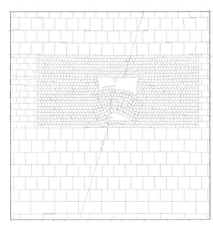

图 4-44 7 m 巷道变形图

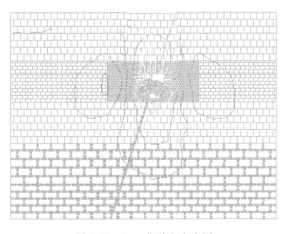

图 4-45 7 m 巷道主应力图

① 巷道开挖后原岩应力发生扰动,巷道围岩应力重新分布,在巷道两帮形成压力集中区,顶板下沉,两帮内挤。道宽度为 7 m 时,在两帮的应力集中现象最为明显,最高应力集中达到 14 MPa;宽度为 5 m 时,在两帮的应力集中最高可达 12 MPa;巷道宽度为 3 m 时,两帮的应力集中现象无论是范围还是强度都较前两者明显减小。可见,巷道宽度越宽,巷道两帮形成的应力集中现象越强。

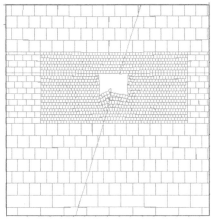

图 4-46　5 m 巷道变形图

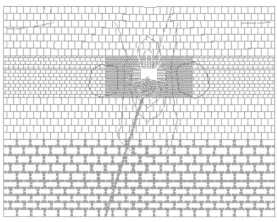

图 4-47　5 m 巷道主应力图

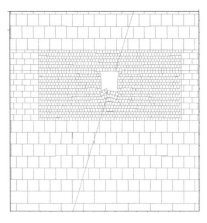

图 4-48　3 m 巷道变形图

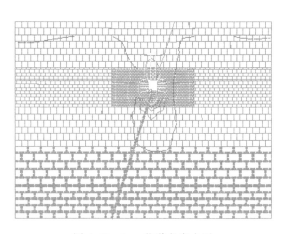

图 4-49　3 m 巷道主应力图

　　② 巷道底板应力卸载,底板发生底鼓;巷道宽度为 7 m 时,巷道底板失稳。

　　③ 断层处岩层发生相对滑移、错动,底板发生严重底鼓。L_8灰、L_9灰岩水沿断层流向巷道。

　　(2) 巷道塑性区图分析

　　如图 4-50～图 4-52 所示为巷道塑性区图,由图可知:

　　① 底板及巷道两帮的破坏主要为剪切破坏。

　　② 在断层处破坏最严重,塑性区范围最大。

　　③ 围岩塑性区范围较大,且塑性区主要集中在两帮和底板。顶板塑性区范围较小,底

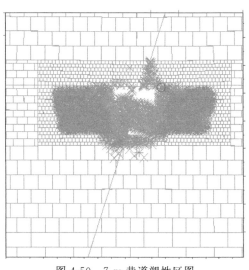

图 4-50　7 m 巷道塑性区图

板塑性区范围较大,两帮与底板的交界处破坏较大并向底板深处延伸。

④ 巷道宽度为 7 m 时,巷道塑性区范围最大,底板破坏情况最严重;巷道宽度为 3 m 时,巷道塑性区范围最小。巷道跨度越宽,底板破坏情况越严重。

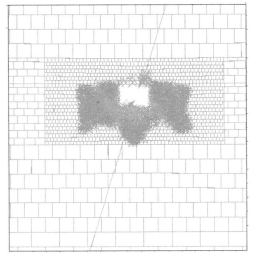

图 4-51　5 m 巷道塑性区图

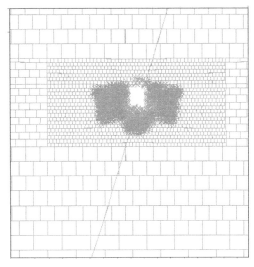

图 4-52　3 m 巷道塑性区图

（3）位移矢量图分析

图 4-53～图 4-55 为巷道位移矢量图,由图中可以看出:巷道开挖后,在巷道顶板、两帮均产生了位移,其中最大位移发生在巷道底板。巷道宽度为 7 m 时,底板位移量最大,底板发生严重底鼓,底板失稳。

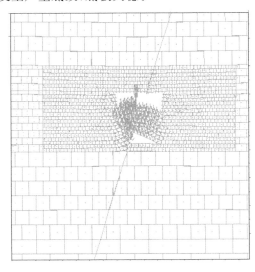

图 4-53　7 m 位移矢量图

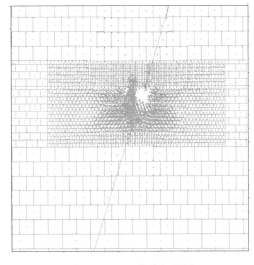

图 4-54　5 m 位移矢量图

（4）特征点位移

为研究巷道不同宽度时底板底鼓的情况,在模型中取底板面上的（41,38.5）,

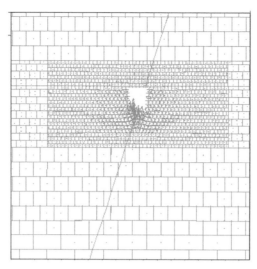

图 4-55　3 m 位移量图

(42,38.5)、(43,38.5)、(44,38.5)四个点作为 1、2、3、4 号特征点,记录特征点的位移变化情况,具体数据见表 4-10 和图 4-56 所示。

　　由特征点位移量可知,当巷道宽度为 7 m 时,最大位移量可达 3 450 mm;当巷道宽度为 5 m 时,最大位移量为 1 200 mm;当巷道宽度为 3 m 时,最大位移量为 800 mm。

表 4-10　断层情况下底板位移量

巷道宽度/m	位移量/mm			
	1	2	3	4
7	2 240	3 450	1 660	1 625
5	600	1 200	715	520
3	600	800	575	380

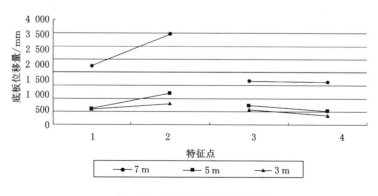

图 4-56　特征点位移量曲线图

　　由表 4-10 和图 4-56 可以看出,当巷道宽度为 7 m 时,底鼓量最大为 3 450 mm,巷道严重失稳;当巷道宽度为 5 m 时,底鼓量最大为 1 200 mm;当巷道宽度为 3 m 时,底鼓量最大为 800 mm。巷道宽度为 7 m 时的底鼓量比 5 m 时的底鼓量整体高出近 3 倍,宽度为 5 m 时也比宽度为 3 m 时的底鼓量高出近 20%。巷道宽度的加大,导致底鼓量也随之变大。

断层影响十分显著,有断层时,当巷道宽度为 7 m 时,底鼓量增大 3 倍;当巷道宽度为 5 m 时,底鼓量增大 2.26 倍;当巷道宽度为 3 m 时,底鼓量增大 1.78 倍。巷道越宽,断层影响越严重。

巷道宽度为 7 m 时,巷道两帮的应力集中现象明显;巷道宽度为 3 m 时,巷道两帮的应力集中现象比前者无论是范围还是强度都要小。因此,巷道宽度越宽,引起的巷道两帮应力集中越大,高应力将加大两帮的破坏和内挤,同时加大底板底鼓量。

巷道宽度为 7 m 时,最大位移量为 3 450 mm,而巷道宽度为 3 m 时,最大位移量为 800 mm,可见巷道宽度的增大,巷道底鼓量随之增大。由于高产高效的需要,目前矿井巷道的宽度达到 6.2 m,因此在破碎岩底条件下,巷道底鼓量大与巷道宽度大是密切相关的,应当采取技术措施防治底鼓。

4.2.2 构造影响巷道底鼓变形的三维数值模拟

二维 UDEC 离散元分析无法计算巷道掘进中的底鼓过程,以及断层产状与巷道掘进方向的相互影响,因此采用三维数值模拟巷道掘进与断层的相互影响关系。

4.2.2.1 摩尔-库仑屈服准则

研究的岩体以砂岩、页岩为主,属于弹塑性材料,计算采用摩尔-库仑屈服准则:

$$f_s = \sigma_1 - \sigma_3 \frac{1 + \sin \varphi}{1 - \sin \varphi} - 2c \sqrt{\frac{1 + \sin \varphi}{1 - \sin \varphi}}$$

式中 σ_1、σ_3——最大和最小主应力;

c、φ——材料的黏结力和摩擦角。

当 $f_s \geq 0$ 时,材料将发生剪切破坏。材料在达到屈服极限后,在恒定的应力水平下产生塑性变形。在拉应力状态下,如果拉应力超过材料的抗拉强度,材料将发生破坏。

4.2.2.2 数值模拟模型和方案

(1)地质条件

选用赵固二矿盘区回风巷一段(图 4-57)进行模拟,工作面地质条件和参数在前面章节已经给出。断层倾向与巷道掘进方向有一致的,也有反向的。选取 F₂₄ 断层为例,模拟断层受采动活化的影响,并且以该断层为中心建立模型。

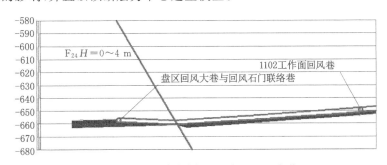

图 4-57 断层产状剖面图(盘区回风大巷)

（2）参数的选取

数值计算结果的可靠度很大程度上依赖于计算模型的建立，即岩体力学参数、本构模型和边界条件选取的可靠性与合理性。为此，根据以往赵固二矿主要围岩的物理力学性质和试验结果，参考该矿区其他方面相关研究，同时考虑试件的尺寸效应、围岩所处环境等多方面的影响，对试验结果进行合理处理。岩体的力学参数如表 4-11 所示。

表 4-11　岩层力学参数

岩层	泊松比	弹性模量/GPa	内摩擦角/(°)	黏聚力/MPa	抗拉强度/MPa
顶 2	0.23	25.0	31	7.0	1.3
顶 1	0.25	27.5	35	6	1.5
二$_1$ 煤	0.25	4.0	20	1.25	1.3
底 0	0.24	26.0	32	7	1.4
砂岩	0.26	28.5	35	7	1.7
底 1	0.24	26.0	32	7	1.4
底 2	0.26	26.0	35	7	2.1
灰岩	0.30	50.0	36	7	5.3
断层带	0.4	2.7	10	0.9	0.2

根据现场地应力测试结果构建研究区的地应力场。根据试验结果及已有相关研究，竖直方向应力基本上等于覆岩自重，随着深度增大应力逐渐增大；水平主应力沿工作面走向及倾向分别约为竖向应力的 1.4 倍和 0.8 倍，走向水平应力为最大主应力，倾向水平应力为最小主应力，竖向应力为中间主应力，计算公式为：

① 沿竖直方向（σ_z）：

$$\sigma_z = 0.024H$$

② 沿工作面倾向方向（σ_y）：

$$\sigma_y = 0.02H$$

③ 沿工作面走向方向（σ_x）：

$$\sigma_x = 0.035H$$

式中，H 为深度，m（以下同）。

（3）模型的建立

本次计算巷道埋深平均为 700 m，顶底板岩层依次为粗砂岩、粉砂岩、泥岩、炭质泥岩、二$_1$ 煤层、底板泥岩、砂岩、灰岩。主采煤层为二$_1$ 煤层，选取盘区回风巷揭露 F_{109} 断层，以该断层为中心建立模型。模拟在巷道掘进过程中，存在导水断层时，巷道底鼓量及发生突水的过程；模拟研究通过巷道掘进从断层上下盘不同方向揭露断层时，断层对巷道底鼓量的影响，从而指导在有断层等构造的巷道掘进施工时的顺序，对巷道掘进施工有普遍的指导意义。

建立模型长度为 90 m，倾向宽度为 50 m，模型高为 55 m，计算模型如图 4-58 和图 4-59 所示，以探索巷道掘进从断层上下盘不同方向揭露断层及过断层时巷道底鼓量变化的相关问题。为对比离巷道不同距离段巷道的底鼓量和相同距离不同位置的底鼓量,沿着巷道底板每间隔 10 m 设置一组 3 个监测点,分布于巷道断面中间和 1/4 的位置。

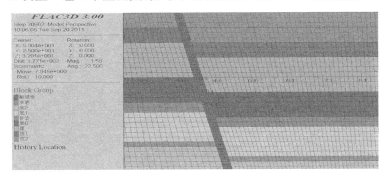

图 4-58　模型平面图

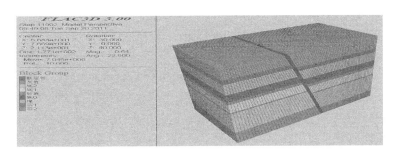

图 4-59　模型立体图

为了更好地分析断层活化规律,在断层的上、中、下部布置三对成对位移特征点,来测量巷道掘进条件下断层活化时位移的变化情况。特征点参数如表 4-12 所示。

表 4-12　特征点参数

代号	id 号	位置	坐标位置	与断层位置
A	21	巷道底板中轴线	(20,23,38.3)	上盘
	22	巷道底板 1/4	(20,25,38.3)	上盘
B	31	巷道底板中轴线	(30,23,38.3)	上盘
	32	巷道底板 1/4	(30,25,38.3)	上盘
C	41	巷道底板中轴线	(40,23,38.3)	下盘
	42	巷道底板 1/4	(40,25,38.3)	下盘
D	51	巷道底板中轴线	(50,23,38.3)	下盘
	52	巷道底板 1/4	(50,25,38.3)	下盘
E	61	巷道底板中轴线	(60,23,38.3)	下盘
	62	巷道底板 1/4	(60,25,38.3)	下盘
F	71	巷道底板中轴线	(70,23,38.3)	下盘
	72	巷道底板 1/4	(70,25,38.3)	下盘

表 4-12(续)

代号	id 号	位置	坐标位置	与断层位置
G	81	巷道底板中轴线	(80,23,38.3)	下盘
	82	巷道底板 1/4	(80,25,38.3)	下盘
X	91	断层上盘破碎带	(36.5,23,38.5)	断层破碎带
	92	断层下盘破碎带	(37.5,23,38.5)	断层破碎带
Y	101	断层上盘破碎带	(37.6,23,35.5)	断层破碎带
	102	断层下盘破碎带	(39.1,23,35.5)	断层破碎带
Z	111	断层上盘破碎带	(38.7,23,32.5)	断层破碎带
	112	断层下盘破碎带	(40.2,23,32.5)	断层破碎带

4.2.2.3 数值模拟成果

1) 巷道从断层下盘掘进情况

(1) 位移场和塑性破坏场的分布规律

模拟如图 4-60~图 4-65 所示,主要研究巷道从断层下盘掘进并穿过断层时,巷道的底鼓、断层周边位移场与塑性破坏场的变化以及断层突水的一般规律。选择从模型左边界处开始掘进,分别模拟了巷道掘进距离为 10 m、30 m、50 m、70 m、80 m 和巷道掘进过断层附近时,断层周边塑性破坏和位移。

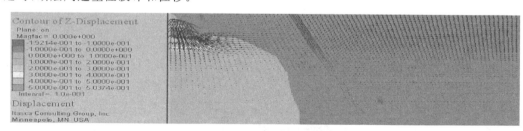

图 4-60　巷道从下盘开挖距离 10 m

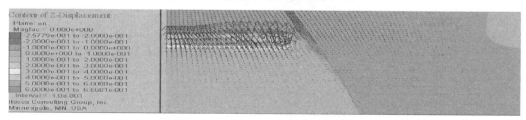

图 4-61　巷道从下盘开挖距离 30 m

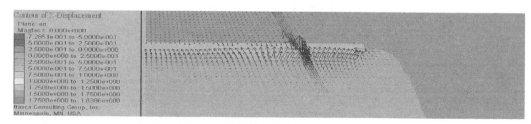

图 4-62　巷道从下盘开挖距离 50 m

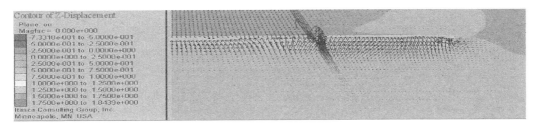

图 4-63 巷道从下盘开挖距离 70 m

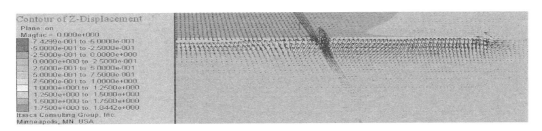

图 4-64 巷道从下盘开挖距离 80 m

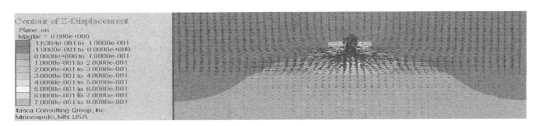

图 4-65 巷道从下盘开挖到断层带附近切面图

分析围岩位移场分布云图,可得如下结论:

① 导水断层孔隙水压力场整体与断层的地质特征一致,沿着断层上下盘形成一定的渗流场。断层的横断面积非常大,在相同水力条件下,渗透区域远大于其他特殊的导水构造。孔隙水压力由断层向四周扩散,并不断减小,在某个临界面变为零,将此临界面视为渗流场的临时边界。当巷道距离渗流场较远,采动影响不会波及断层周边渗流场。

② 随着巷道的开挖,工作面前方围岩塑性破坏区不断前移,与断层周边的渗透区域不断接近。围岩破坏场与断层周边渗流场从原始的相对无联系状态渐渐发展为相互联系、相互贯通。

③ 巷道在刚开挖后的一段时间内位移量最大,随着开挖后时间的推移,其位移量逐步减少。

④ 断层处的位移大于其他部分的位移。

(2) 应力场分析

随着巷道掘进,巷道距断层的距离不断减小,各应力场分布如图 4-66~图 4-70 所示。分析围岩破坏场应力云图,可得如下结论:

① 巷道掘进前,断层作为一种特殊构造,其周围产生一定程度的应力集中,初始应力大于周边原岩应力。

图 4-66　巷道从下盘开挖距离 10 m

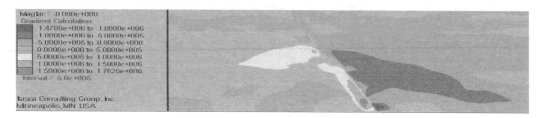

图 4-67　巷道从下盘开挖距离 30 m

图 4-68　巷道从下盘开挖距离 50 m

图 4-69　巷道从下盘开挖距离 70 m

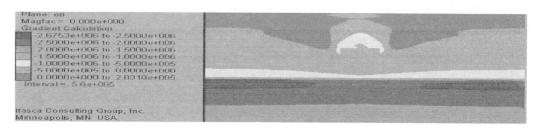

图 4-70　巷道从下盘开挖断层带附近切面图

② 巷道掘进过断层以后,围岩应力因扰动而变化,断层周边应力重新分布,造成应力场重新分布,塑性破坏场亦有所变化。当巷道掘进过断层时,断层周边的集中应力向采空区方向释放,巷道破坏距离增大。

③ 断层作为一种特殊的构造,在巷道掘进中有着特别的含义。断层在形成的过程中对围岩应力已经产生影响;当巷道掘进以后,新的采动空间对围岩应力产生新的影响。采动应力随着巷道掘进不断变化,巷道掘进到一定距离,采动应力场与断层周边应力场相互联系,在应力作用下,围岩开始承受新的扰动。

④ 与含水灰岩导通的导水断层自身的水压力紧紧渗透到围岩应力场中,与围岩应力场耦合在一起。在断层水压力和围岩应力场的耦合作用下,围岩发生塑性破坏、水压致裂和渗流等不同形式的耦合破坏。当巷道底板离灰岩距离减小到一定距离时,底板会发生渗水乃至突水等灾害。

(3) 特征点位移量分析

研究不同掘进距离对巷道底板位移的影响,通过特征点实现位移分析,在模型中特征点布置参见图 4-58。记录模拟过程中,随着巷道向前掘进,并经过断层,巷道底板位移场分布情况如图 4-71～图 4-73 所示。

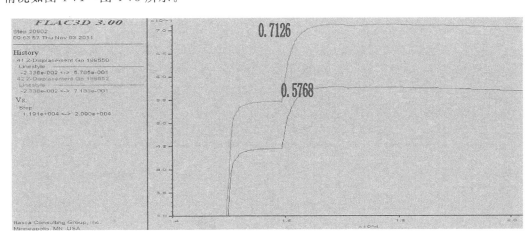

图 4-71 C 号监测点底鼓量

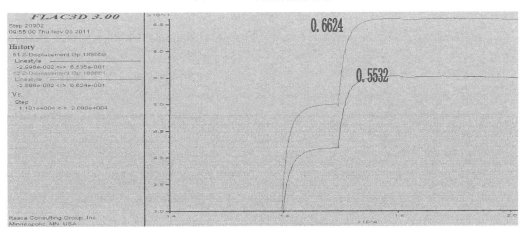

图 4-72 D 号监测点底鼓量

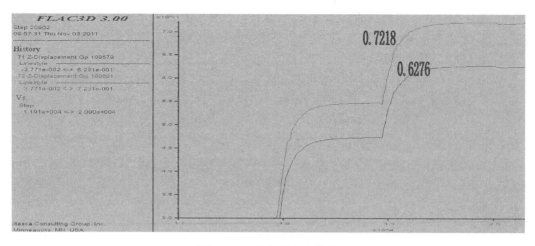

图 4-73　F 号监测点底鼓量

　　各特征点的位移随着到断层距离的减小,整体呈现增大趋势;巷道掘进过断层后,巷道距断层距离减小,断层下盘集中应力不断释放,底板承受的垂向应力亦不断减小,并受断层影响减小,使得底板位移随着巷道掘进又不断减小,位移差占最大值比例从 19.0％ 降到 13.1％。此外,从各处特征点的位移量对比可以看出,巷道中部位移量比巷道 1/4 处的位移量平均高出 0.1 m,因此巷道中部的破坏可能性更大。巷道底板位移量情况,见表 4-13 所示。

表 4-13　下盘掘进巷道垂直位移特征表

代号	点号	位置	与断层位置	最大底鼓量/m	中间与边部位移差/m	位移差占最大值比例
A	21	巷道底板中轴线	上盘	0.610 2	0.114 7	18.8％
	22	巷道底板 1/4	上盘	0.495 5		
B	31	巷道底板中轴线	上盘	0.719 8	0.134 5	18.7％
	32	巷道底板 1/4	上盘	0.585 3		
C	41	巷道底板中轴线	下盘	0.712 6	0.135 8	19.0％
	42	巷道底板 1/4	下盘	0.576 8		
D	51	巷道底板中轴线	下盘	0.662 4	0.109 2	16.5％
	52	巷道底板 1/4	下盘	0.553 2		
E	61	巷道底板中轴线	下盘	0.697 2	0.095 8	13.8％
	62	巷道底板 1/4	下盘	0.601 4		
F	71	巷道底板中轴线	下盘	0.721 8	0.094 2	13.1％
	72	巷道底板 1/4	下盘	0.627 6		
G	81	巷道底板中轴线	下盘	0.735 7	0.099 5	13.5％
	82	巷道底板 1/4	下盘	0.636 2		

断层上部特征点的位移量要大于断层中下部的位移量。随着巷道掘进,采空区不断增大,底板位移量呈现减小趋势。

2)巷道从断层上盘掘进情况

本次模拟将从断层上盘向断层破碎带掘进巷道,研究距断层破碎带不同距离时,围岩塑性破坏场与渗流场的耦合分析,以及掘进过程中存在断层时应力场和位移场的研究分析。

(1)围岩位移场和塑性破坏区分布规律

模拟如图4-74~图4-79所示,主要研究巷道从断层上盘掘进并穿过断层时,巷道的底鼓、断层周边位移场与塑性破坏场的变化以及断层突水的一般规律。选择从模型右边界处开始掘进,分别模拟了巷道掘进距离为10 m、30 m、50 m、70 m、80 m和巷道掘进过断层附近时,断层周边塑性破坏和位移。

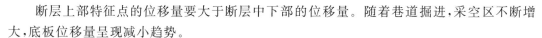

图 4-74　巷道从上盘开挖距离 10 m

图 4-75　巷道从上盘开挖距离 30 m

图 4-76　巷道从上盘开挖距离 50 m

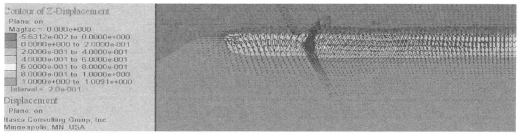

图 4-77　巷道从上盘开挖距离 70 m

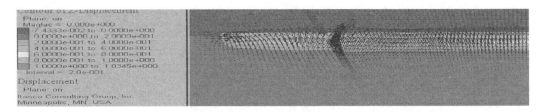

图 4-78　巷道从上盘开挖距离 80 m

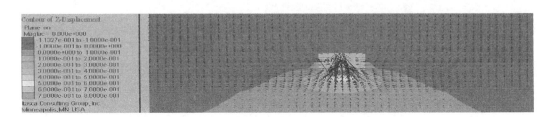

图 4-79　巷道从上盘开挖到断层带附近切面图

分析围岩破坏场与渗流场的耦合云图，可得如下结论：

① 导水断层孔隙水压力场整体与断层的地质特征一致，沿着断层上下盘形成一定的渗流场。断层的横断面积非常大，在相同水力条件下，渗透区域远大于其他特殊的导水构造。孔隙水压力由断层向四周扩散，并不断减小，在某个临界面变为零，将此临界面视为渗流场的临时边界。当巷道距离渗流场较远，采动影响不会波及断层周边渗流场。

② 随着巷道的开挖，工作面前方围岩塑性破坏区不断前移，与断层周边的渗透区域不断接近。围岩破坏场与断层周边渗流场从原始的相对无联系状态渐渐发展为相互联系、相互贯通。

③ 巷道在刚开挖后的一段时间内位移量最大，随着开挖后时间的推移，其位移量减少。当巷道掘进过断层时，从图 4-77 可以看出，其位移场明显增大。

④ 断层处的位移大于其他部分的位移，且从断层上盘掘进时，由于断层上盘不受到下盘挤压，其围岩位移比从下盘掘进时明显。

（2）应力场分析

随着保护煤柱留设距离的不断减小，各应力场分布如图 4-80～图 4-83 所示。

图 4-80　巷道从上盘开挖距离 20 m

图 4-81 巷道从上盘开挖距离 50 m

图 4-82 巷道从上盘开挖距离 80 m

图 4-83 巷道从上盘开挖断层带附近切面图

分析应力云图,可得如下结论:

① 巷道掘进前,断层作为一种特殊构造,其周围产生一定程度的应力集中,初始应力大于周边原岩应力。

② 巷道掘进过断层以后,围岩应力因扰动而变化,断层周边应力重新分布,造成应力场重新分布,塑性破坏场亦有所变化。当巷道掘进过断层时,断层周边的集中应力向采空区方向释放,巷道破坏距离增大。

③ 与从断层下盘掘进相比较,巷道掘进时,由于不受到下盘的挤压,造成断层活化明显,因而产生的断层应力集中相比下盘开采要大,应力场扰动范围亦较大。

(3) 位移场分析

位移场分析与巷道从断层下盘掘进时的研究方法相同。研究不同掘进距离对巷道底板位移的影响,通过特征点实现位移分析,在模型中特征点布置如图 4-58 所示。记录模拟过程中,随着巷道向前掘进,并经过断层,巷道底板位移场分布情况如图 4-84~图 4-86所示。

各特征点的位移随着到断层距离的减小,整体呈现增大趋势。巷道掘进过断层后,巷道距断层距离减小,断层上盘集中应力不断释放,底板承受的垂向应力亦不断减小,并受断层影响减小,使得底板位移量随着巷道掘进又不断减小,位移差占最大值比例从 20.8% 降到

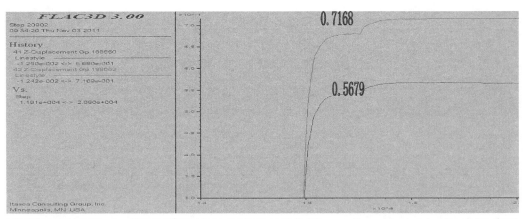

图 4-84　C 号监测点底鼓量

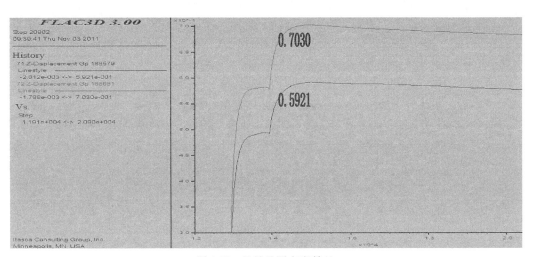

图 4-85　F 号监测点底鼓量

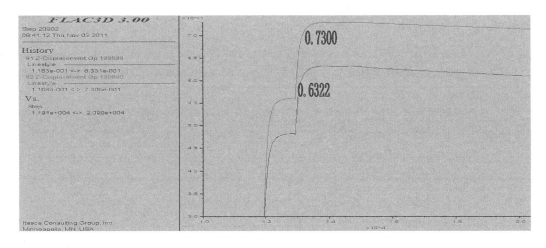

图 4-86　G 号监测点底鼓量

13.4%。此外,从各成对特征点的位移量对比可以看出,巷道中部位移量比巷道1/4处的位移量平均高出0.12 m,因此巷道中部的破坏可能性更大。巷道底板位移量情况,如表4-14所示。

表 4-14　上盘掘进巷道垂直位移特征表

代号	点号	位置	与断层位置	最大底鼓量/m	中间与边部位移差/m	位移差占最大值比例
A	21	巷道底板中轴线	上盘	0.612 9	0.111 0	18.1%
A	22	巷道底板1/4	上盘	0.501 9		
B	31	巷道底板中轴线	上盘	0.721 9	0.132 4	18.3%
B	32	巷道底板1/4	上盘	0.589 5		
C	41	巷道底板中轴线	下盘	0.716 8	0.148 9	20.8%
C	42	巷道底板1/4	下盘	0.567 9		
D	51	巷道底板中轴线	下盘	0.655 1	0.128 5	19.6%
D	52	巷道底板1/4	下盘	0.526 6		
E	61	巷道底板中轴线	下盘	0.686 9	0.131 1	19.1%
E	62	巷道底板1/4	下盘	0.555 8		
F	71	巷道底板中轴线	下盘	0.703 0	0.110 9	15.8%
F	72	巷道底板1/4	下盘	0.592 1		
G	81	巷道底板中轴线	下盘	0.730 0	0.097 8	13.4%
G	82	巷道底板1/4	下盘	0.632 2		

断层上部特征点的位移量要大于断层中下部的位移量。随着巷道的掘进,采空区不断增大,底板位移量呈现减小趋势。

与断层下盘掘进相比较,底板位移量整体略高于断层下盘掘进的底板位移量,断层上盘承受的垂向应力较断层下盘的要大。

3) 断层上、下盘受采动影响位移量分析

由图可以看出,随着巷道的不断掘进,该位置底板位移量迅速增大;随着巷道向前推进,采空区不断增大,引起巷道位置附近岩体应力不断释放,竖向应力降低,底板位移量呈现减小趋势。在受巷道断层带影响的区域,距离断层越近,受到断层活化影响越大,巷道底板位移量也越大;反之,离断层越远,位移量越小;在断层带影响区之外,受断层影响小,巷道底板位移量与断层的距离之间关系不明显,而是与时间关系明显,即先开挖的地方应力释放明显,相应的巷道底板位移量也大。巷道底板位移场分布情况如表4-15所示。

表 4-15　断层带垂直位移特征表

代号	点号	位置	下盘掘进			上盘掘进		
			最大底鼓量	上下盘位移差/m	位移差占最大值比例	最大底鼓量/m	上下盘位移差/m	位移差占最大值比例
X	91	断层上盘破碎带	2.021	0.015 8	0.78%	1.342	0.019 2	1.43%
	92	断层下盘破碎带	1.863			1.150		
Y	101	断层上盘破碎带	0.311 0	0.043 2	1.43%	0.299 1	0.011 2	3.74%
	102	断层下盘破碎带	0.267 8			0.287 9		
Z	111	断层上盘破碎带	0.125 9	0.012 3	9.77%	0.138 2	0.024 7	17.8%
	112	断层下盘破碎带	0.113 6			0.113 5		

分析断层上下盘特征点位移变化图,可以看出:

① 无论是选择在断层上盘开挖还是在断层下盘开挖,两种情况所选择的断层上、中、下三个特征点的位移以断层上部为大,往下位移相继减小,上部位移明显大于中部和下部的位移。

② 比较上、下盘,断层下盘位移明显地整体大于断层上盘的位移。具体为:从断层下盘掘进时,靠近上下盘断层破碎带的位移差分别为 0.015 8 m、0.043 2 m、0.012 3 m,位移差占最大值比例分别为 0.78%、1.43%、9.77%;从断层上盘掘进时,靠近上下盘断层破碎带的位移差分别为 0.019 2 m、0.011 2 m、0.024 7 m,位移差占最大值比例分别为 1.43%、7.34%、17.8%。可以看出,从断层下盘方向掘进时位移整体高于从断层上盘方向掘进时的位移,特别在断层破碎带处位移差更大,上部特征点位移差值达到 0.679 m,占最大值的 33.6%,如图 4-87 所示。

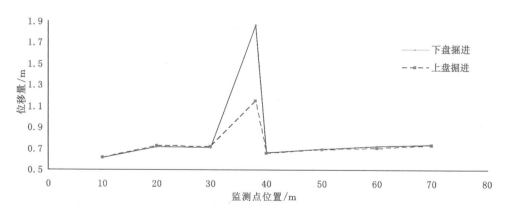

图 4-87　断层上中下部监测点位移对比图

综上分析可以看出,从断层下盘掘进过程中底板位移量整体大于从断层上盘掘进的位移量,说明从断层下盘掘进时承受的垂向应力释放较从断层上盘掘进的要大,因此在巷道掘进施工时,尽量安排从上盘方向掘进,并采取必要的措施。

4.3 高水压巷道变形相似模拟试验

4.3.1 试验目的

本模拟试验以赵固二矿 1105 工作面回风巷为原型,根据现场实际地质条件,采用相似模拟技术,对回风巷过断层和底部水压作用下的巷道变形情况进行模拟,目的是论证断层对巷道围岩变形的影响,以便更好地进行巷道支护。

4.3.2 模拟原型

根据赵固二矿有关资料,1105 工作面开采二$_1$煤层,1105 工作面走向长度为 2 000 m,倾斜长度为 180 m,二$_1$煤层厚度为 6.32 m;地面标高为 +81.5 m,井下开采标高为 -632.1~-577.9 m,埋深为 658.5~713.6 m;1105 工作面煤层平均厚度为 6.32 m,煤层赋存稳定,产状平均为 NW320°,倾角为 4°~6°(平均为 5.5°),煤层结构较简单。DF$_{11}$断层位于 1105 工作面回风巷通尺 1 248 m 处,走向整体为 NE 向,倾向 NW,倾角为 60°,区内延展长度约为 226 m,落差为 0~2.5 m。边界条件处理如下:

① 顶部为上覆岩层自重,地面标高为 +81.5 m,不考虑构造应力,有 $\sigma_1 = \gamma H$(γ 取平均重度 23 kN/m³),得 $\sigma_1 = 16.1$ MPa。

② 后、右边界水平应力,取侧压系数 1.2。

③ 前、左边界水平约束,下部边界全约束。

④ 底部奥灰水压大小为 7 MPa。

4.3.3 试验过程

4.3.3.1 模型相似比与模拟架尺寸

试验台尺寸:长×宽×高 = 1 800 mm×150 mm×1 200 mm。根据模拟 1105 工作面顶底板岩层的性质和结构及模拟开采研究的目的确定模型的几何比,重力密度 $\partial_\rho = 1.6$,强度比 $\partial_\sigma = 80$。

4.3.3.2 模型岩石的强度指标计算

模型拟采用薄板理论,加工不同强度的薄板试件。逐层计算模型岩石的强度指标,由 $\alpha_L = 50$,$\alpha_\gamma = 1.6$,得 $\alpha_\sigma = \alpha_L \times \alpha_\gamma = 80$。

由主导相似准则可推导出原型与模型之间强度参数的转化关系式,即:

$$[\sigma_c]_M = \frac{L_M}{L_H} \cdot \frac{\gamma_M}{\gamma_H}[\sigma_c]_H = \frac{[\sigma_c]}{a_L \cdot a_\gamma} = \frac{[\sigma_c]}{a_\sigma}$$

式中,σ_c 为单轴抗压强度。

模型柱状如表 4-16 所示。

表 4-16　1105 工作面地层柱状

序号	层厚/m	埋深/m	岩性
1	12	650	砂岩
2	21	671	泥岩
3	7	678	砂岩
4	4	682	泥岩
5	6	689	二₁煤层
6	8	697	砂质泥岩
7	2	699	细粒砂岩
8	4	703	砂质泥岩
9	2	705	L_9灰岩
10	3	708	中粒砂岩
11	5	713	砂质泥岩
12	28	741	泥岩
13	2	743	石灰岩
14	7	750	泥岩
15	3	753	石灰岩
16	5	758	砂岩
17	15	773	L_2灰岩
18	21	794	泥岩
19	30	824	O_2灰岩

4.3.3.3　相似实验材料的制备

（1）材料的配制

根据赵固二矿 1105 工作面煤岩层的实际地质资料,选择组成相似模拟材料的成分,相似模拟材料主要由两种成分组成——薄板和砂子。为了精确选定与计算参数一致的配比,经过了多次配比试验,做出了各种配比表,最后选择出满足试验要求的一组配比,见表 4-17。

表 4-17　相似模拟试验材料配比表

层位	厚度/cm	岩性	模拟抗压强度/MPa	模拟密度/(g/cm³)	摩擦角/(°)	配比号	配比材料	骨料：胶结料	石灰/石膏（石灰/土）
1	26	中细砂岩	0.26	1.5	31	85：5	细砂：石灰：石膏	8：1	1：1
2	10	砂质泥岩	0.22	1.54	32	8：6：4	细砂：石灰：石膏	8：1	3：2

表 4-17(续)

层位	厚度 /cm	岩性	模拟抗压 强度/MPa	模拟密度 /(g/cm³)	摩擦角 /(°)	配比号	配比 材料	骨料：胶结料	石灰/石膏 (石灰/土)
3	14	炭质泥岩	0.13	1.5	34	9：8：2	细砂：石灰：石膏	9：1	4：1
4	6	二₁煤层	0.062	0.69	40	薄板			
5	8	砂质泥岩	0.26	1.5	33	薄板			
6	2	细粒砂岩	0.26	1.5	34	薄板			
7	2	L₉灰岩	0.17	1.38	35	薄板			
8	3	中粒砂岩	0.18	1.5	33	薄板			
9	10	O₂灰岩	0.26	1.4	33	薄板			

（2）薄板加工

首先确定薄板的强度。根据试验台的尺寸、各分层的厚度确定薄板的尺寸；加工厚度分别为 1 cm、2 cm 和 3 cm 的薄板数块，如图 4-88 所示。

图 4-88　不同厚度的薄板

4.3.3.4　相似模拟实验模型的构建

模拟方案定为 1∶50，模型铺设高度为 1 100 mm，上覆岩层模型的密度为 2 400 kg/m³，600 m 深度产生的压力为：

$$\sigma = \gamma h = 600 \times 2\,400 = 14.4 \times 10^5 = 14.4 \, (\text{MPa})$$

根据模型的尺寸以及预定比例，实际加载压力为：

$$F = \sigma \cdot s/a_\sigma = \sigma \cdot s/a_L \cdot a_\gamma = 14.4 \times 10^5 \times 0.4 \times 1.8/160 = 6\,480 \, (\text{N})$$

各准备工作完成后，设定相似时间：$\alpha_t = \sqrt{\alpha_L} = \sqrt{50} = 7$ s。

4.3.3.5　模型的铺设

本试验主要研究在高水压、深部开采和存在断层时，巷道及围岩的变形，包括顶底板下沉量、巷帮移近量及底板的变化情况；试验过程中主要采用位移标定、应力应变检测等手段。

首先，结合试验目的，根据试验台功能和现场条件对试验模型进行优化。为了研究断层、大埋深和高水压对巷道的影响，在局部范围内选择存在断层的一段巷道研究，巷道沿着断层走向和倾向时的状态比较相近。

本试验选择巷道在不同位置时的情况进行模拟，分别在巷道穿过断层、巷道位于断层上盘和下盘。在巷道周边围岩中设点,监测围岩的应力、应变等参数。

本次试验分为两组,分别模拟存在断层和不存在断层的情况,模型铺设如图 4-89 所示。

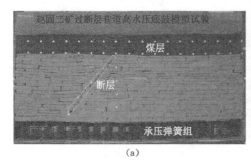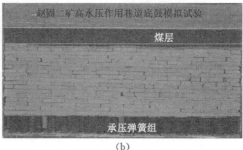

(a)　　　　　　　　　　　　　　　　(b)

图 4-89　赵固二矿试验模型

(a) 有断层;(b) 无断层

模型长、宽、高分别为 1 800 mm、150 mm 和 1 100 mm,模拟二$_1$煤层的开采情况,在模型中部有一条断层(DF$_{11}$断层位于 1105 工作面回风巷通尺 1 248 m 处,走向整体为 NE 向,倾向为 NW,倾角为 60°,区内延展长度约为 226 m,落差为 0~2.5 m。试验的部分监测仪器如图 4-90 所示。

图 4-90　试验仪器

4.3.4　模拟结果分析

4.3.4.1　存在断层的情况

模型铺设完成后,开挖巷道,然后观察巷道在底板水压作用下发生底鼓破坏的规律,观测时间间隔为 2 h。通过试验可以看出,巷道开挖以后,随着时间的延长,巷道底板的破坏规律依次为发生向上的位移、底板出现小裂隙、大裂隙、断裂,然后破碎,较大底鼓。

通过相似模拟试验过程可以看出:

① 模型开挖前,岩层处于原始未破坏状态。巷道开挖后,随着时间的变化,巷道周边的围岩在围岩应力和水压力作用下逐渐发生变化。从图 4-91 可以看出,在围岩和水压力共同作用下,巷道底板经历了完整、小裂隙形成、裂隙扩展、底板破碎的过程。

② 在模型底部施加的承压弹簧组很好地起到了承压水的瞬时扰动作用。通过图 4-91(c)~(d)和图 4-92 可以看出,在承压水扰动作用下,观测时间在 6~8 h 时,底鼓量突然增大,使得底板破坏瞬间鼓起,底板破坏形态比较破碎。

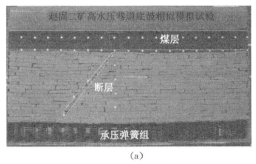
(a)

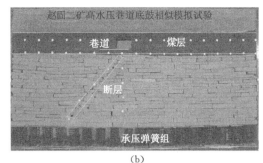
(b)

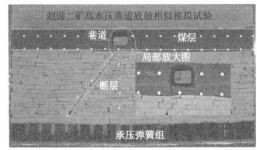
(c)

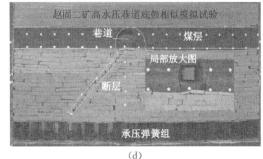
(d)

图 4-91　存在断层高水压巷道底鼓相似试验图

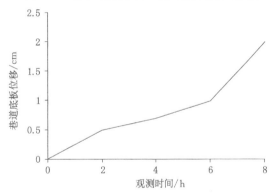

图 4-92　存在断层时巷道底板位移随时间的变化

4.3.4.2　无断层影响

无断层时,与有断层试验相似,分为四步进行,如图 4-93 所示。模型铺设完成后,开挖巷道,然后观察巷道在底板水压作用下发生底鼓破坏的规律,观测时间间隔为 2 h。通过试验可以看出,巷道开挖以后,随着时间的延长,巷道底板的破坏规律依次为发生向上的位移、底板出现小裂隙、大裂隙、断裂然后破碎底鼓。

通过无断层巷道底鼓相似模拟试验过程可以看出:

① 破坏过程与有断层时相似。模型开挖前,岩层处于原始未破坏状态。巷道开挖后,随着时间的变化,巷道周边的围岩在围岩应力和水压力作用下逐渐发生变化。从图 4-93 可以看出,在围岩和水压力共同作用下,巷道底板经历了完整、小裂隙形成、裂隙扩展、底板破碎的过程。

② 在模型底部施加的承压弹簧组很好地起到了承压水的瞬时扰动作用。通过图

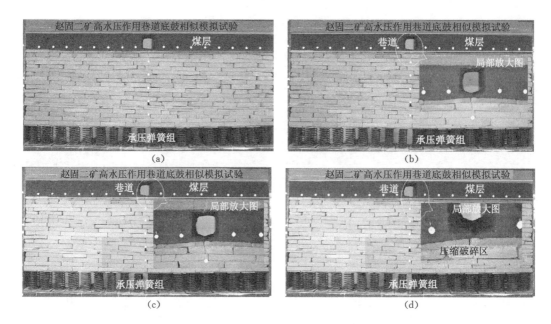

图 4-93　无断层高水压巷道底鼓相似试验图

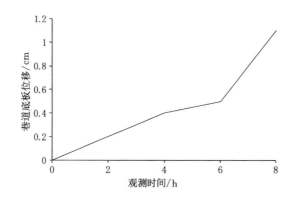

图 4-94　无断层时巷道位移随时间变化

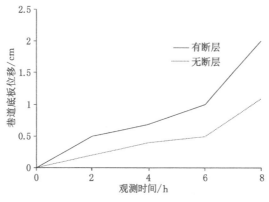

图 4-95　不同情况下巷道位移随时间的变化

4-93(c)～(d)和图 4-94 可以看出,在承压水扰动作用下,观测时间在 6～8 h 时,底鼓量突然增大,使得底板破坏瞬间鼓起,底板破坏形态比较破碎。

通过图 4-95 可以看出,有断层和无断层相比较,有断层时底鼓量要比无断层时的大。存在断层,最大底鼓量达到 1.25 m,无断层时最大底鼓量达到 0.6 m。

4.4　破碎岩体巷道底板增压突水工业性试验

由于巷道突水有突发性、危险性,难以在突水时和突水地点布置综合观测系统,进而实测研究突水及因素响应过程。为此,选择在破碎岩体的淋水巷道,采用底板增压注水的方法实现巷道突水,通过预先设置的观测系统进行影响因素的综合观测。

4.4.1　试验巷道简况

4.4.1.1　巷道名称、位置及用途

此次现场试验巷道选择 I 盘区回风大巷(东段)。掘进段位于 I 盘区上部,东接 I 盘区东段上部胶回联络巷、北面实煤区,南面为 I 盘区胶带运输大巷(东段)、I 盘区辅助运输大巷(东段)。巷道沿二$_1$煤层掘进,巷道长度为 160 m,井下标高为 -614～-607 m,主要服务于 I 盘区东段采掘期间的回风。巷道位置平面图如图 4-96 所示。该巷道顶板出现淋水、岩体破碎、附近有 F$_{122}$ 断面分布。

4.4.1.2　I 盘区回风大巷(东段)煤岩层特征

I 盘区回风大巷(东段)煤层赋存于山西组下部,平均走向为 NE60°,倾向为 NW330°,倾角为 6°～8°,煤层平均厚度为 6.32 m,赋存稳定,煤层结构较简单。上距砂锅窑砂岩 45.64～81.25 m,平均为 60.18 m;下距 L$_8$ 灰岩 19.65～40.24 m,平均为 26.5 m,层位稳定。煤层顶底板特征见表 4-18,煤岩层柱状见图 4-97,图 4-96 中标示观测地点。

表 4-18　煤层顶底板特征表

顶底板名称	岩石名称	厚度/m	岩性特征
基本顶	粉砂岩	10	深灰色,含植物化石
直接顶	砂质泥岩	5	黑灰色,含植物化石及大量菱铁质结核
伪顶	炭质泥岩	0～0.2	灰色～黑灰色
直接底	砂质泥岩细粒砂岩	12	灰黑色,含植物化石及菱铁质结核
老底	L$_9$ 灰岩	1.5 m	深灰色,隐晶质,具裂隙

4.4.1.3　构造及水文地质

1) 地质构造

FS$_{11}$ 断层位于 I 盘区回风大巷(东段)西北侧 155 m 处,走向整体为 NE 向,倾向 NW,区内延展长度约 820 m,落差为 0～47 m,该断层沿着 I 盘区回风大巷(东段)方向延伸。F$_{30}$ 断层位于 I 盘区回风大巷(东段)东北侧约 208 m 处,走向整体为 NE 向,倾向 NW。这两个

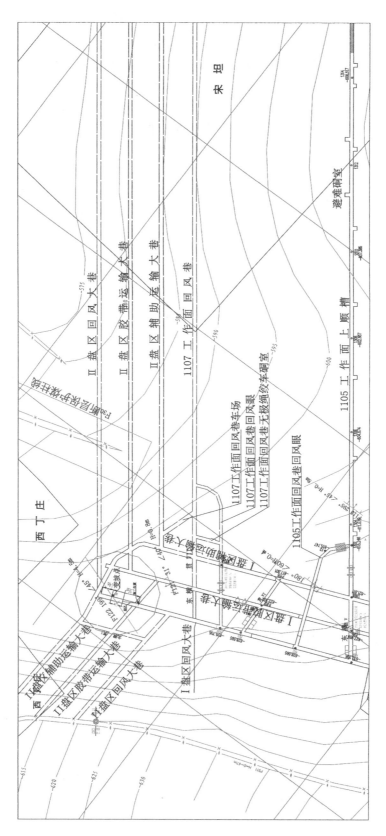

图4-96　I盘区回风大巷（东段）位置平面图

层号	柱状图	层厚/m	岩性名称	岩性描述
1	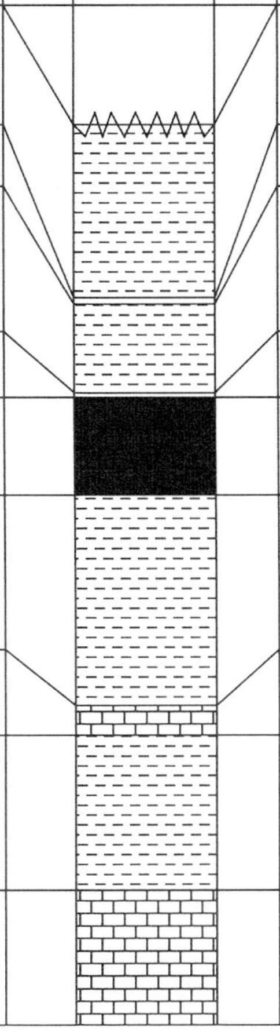	10	砂质泥岩	深灰色，成分以石英为主，分选中等，分层层厚小，层间夹泥岩及泥质成分，纵向裂隙、节理发育
2		0.2	砂岩	
3		5.0	砂质泥岩	黑色，局部为砂岩、泥岩互层，分层层厚小，含云母碎片及黄铁矿结核，少量节理，富含植物化石及1~2层煤线
4		0~0.2	炭质泥岩	黑色，团块状，富含植物化石
5		6.32	二₁煤	黑色，块状，似金属光泽，内生裂隙发育，属亮亮-光亮型煤
6		12	砂质泥岩	灰黑色，块状，局部砂、泥岩互层，夹菱铁质泥岩，裂隙发育，有方解石充填
7		1.5	L₉灰岩	灰色，隐晶质结构，裂隙发育，充填方解石脉
8		13~15	砂质泥岩	灰黑色，局部含薄层泥岩，块状结构，裂隙发育
9		8.5	L₈灰岩	灰色，中厚层状，隐晶质结构，闭合裂隙发育，充填方解石脉，局部连通性好

图 4-97　Ⅰ盘区回风大巷（东段）煤岩层柱状图

断层成为Ⅰ盘区回风大巷（东段）的主要充水断层，观测段主要受正断层 F_{122}（199°∠45° H =4.5 m）影响。

2）水文地质

（1）主要含水层

主要含水层有 L_2 灰岩、太原组上部灰岩含水层（L_9、L_8、L_7 灰岩）和二₁煤顶板砂岩含水层。其中，L_2 灰岩含水层厚度为 12.53 m，岩溶裂隙发育，上距二₁煤层 92.42 m。在断层或裂隙破碎带附近，L_2 灰岩水会向 L_8 灰岩补给。太原组上部灰岩含水层中 L_8 灰岩发育最好，L_8 灰含水层厚度为 8.84 m，上距二₁煤层 26.50 m，突水系数为 0.24 MPa/m。二₁煤顶板主要由大占砂岩和香炭砂岩组成，厚度一般在 10 m 左右，细粒砂岩以下厚度为 15~40 m。根据已掘进巷道揭露地质资料显示，顶板淋水、底板渗水点较多，属弱富水含水层，在断裂破碎带顶板淋水较大，会影响掘进工作，并可能产生冒顶，因此要加强顶板管理工作。

（2）补给边界

Ⅰ盘区回风大巷（东段）东侧是二₁煤层露头，二₁煤层露头附近断裂构造非常发育，造成

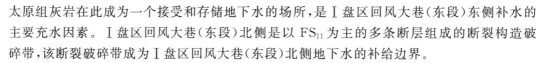

太原组灰岩在此成为一个接受和存储地下水的场所,是Ⅰ盘区回风大巷(东段)东侧补水的主要充水因素。Ⅰ盘区回风大巷(东段)北侧是以 FS_{11} 为主的多条断层组成的断裂构造破碎带,该断裂破碎带成为Ⅰ盘区回风大巷(东段)北侧地下水的补给边界。

4.4.1.4 巷道断面及支护方式

Ⅰ盘区回风大巷(东段)掘进断面形状为矩形,断面宽为 6 020 mm,高为 3 300 mm,掘进断面积为 19.866 m²;一次支护后,净断面宽为 5 820 mm,高为 3 200 mm,净断面积为18.623 m²。

根据矿井前期及附近煤巷支护形式、支护效果、矿压显现规律及施工经验进行工程类比,一次支护采用如下锚网索支护方式能满足安全要求,而且现场观测时巷道依然处于一次支护状态。Ⅰ盘区回风大巷(东段)掘进断面如图 4-98 所示。

① 支护方式:锚网(索)+W 形钢带+钢筋梯+槽钢梁联合支护。

② 锚杆规格:锚杆规格为 φ20 mm×2 400 mm;顶部、帮部锚杆间排距分别为 800 mm×800 mm,顶部锚固长度 1 200 mm、帮部锚固长度 900 mm(快速、中速锚固剂各一卷),其中帮部锚杆托盘为 W 形钢带,δ10 mm×150 mm×150 mm 托盘配合使用,顶部锚杆托盘为 δ10 mm×150 mm×150 mm 配钢筋梯使用,顶部钢筋梯长度为 3 260 mm、2 460 mm 搭接成 5 560 mm 的钢筋梯,排距 800 mm,每排施工 8 根锚杆,钢筋梯均打在网片接茬处。

③ 槽钢梁锚索规格:φ17.8 mm×8 250 mm,锚固长度 2 400 mm(中速、快速锚固剂各两卷),使用 5 100 mm 的 16# 槽钢梁,间排距 1 600 mm×1 600 mm,配托盘 δ12 mm×120 mm×120 mm、δ12 mm×80 mm×80 mm 钢板和 δ50 mm×120 mm×120 mm 木垫板配合使用,锚索预应力均不低于 30 MPa。

④ 点锚锚索规格:φ17.8 mm×8 250 mm,间排距为 1 600 mm×1 600 mm,锚固长度为 2 400 mm(中速、快速锚固剂各两卷),托盘采用 δ12 mm×400 mm×400 mm、δ12 mm×200 mm×200 mm、δ50 mm×200 mm×200 mm 木垫板配合使用,点锚索与槽钢梁锚索呈三花状,锚索预应力均不低于 30 MPa。

⑤ 金属网片使用 φ5.6 mm 钢筋焊接,网幅 900 mm×1 700 mm,网片搭接 100 mm,每格用 14# 铁丝绑扎。

⑥ 巷道掘进并支护后,在巷道中间跟一排单体液压支柱(最大支撑高度 3 500 mm,因顶板破碎、巷道超高无法打设单体柱时,根据巷道实际高度打设直径不小于 180 mm 的木点柱),顺巷道方向打设,间距为 1 000 mm;单体液压支柱顶梁采用 4 000 mm 长 π 形钢梁,底梁为工钢梁,底梁规格为 12# 工钢×2 根×3 300 mm,π 形钢梁、工钢底梁均顺巷道方向布置;每根单体柱柱底配木砖一块(规格 δ100 mm×400 mm×250 mm)、大铁鞋一个,柱顶配防倒链一条。单体液压支柱的活柱伸缩量不低于 400 mm,初撑力不小于 90 kN。

Ⅰ盘区回风大巷(东段)巷道二次支护采用 36# U 钢棚+喷浆,有较大的支护强度。

4.4.2 试验方案

4.4.2.1 观测条件及目的

(1) 观测区段巷道所处的条件

① 巷道埋深大,Ⅰ盘区回风大巷(东段)地面标高为 75.6～76.8 m,井下标高为 -614～ -607 m,埋深将近 700 m。这就造成了比较大的地应力,再加上构造应力的影响,巷道变形

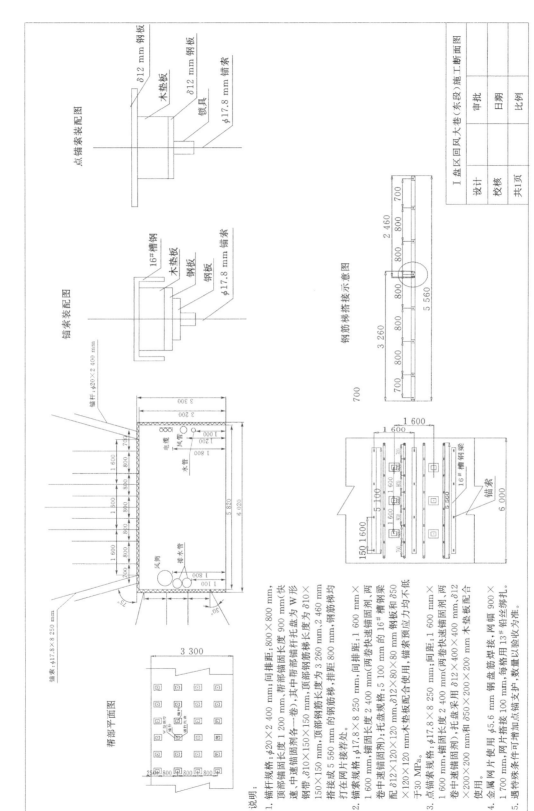

图4-98 Ⅰ盘区回风大巷(东段)掘进断面图

破坏严重。

② 受 F_{122} 断层影响,巷道观测段岩体破碎,存在各种类型的结构面,这是岩体中的薄弱部分,容易造成巷道底鼓突水。

③ 从巷道的顶底板岩性组成来看,除了含水灰岩以外,以泥岩和砂质泥岩为主,这是造成了巷道底鼓突水的一个重要因素。此外,破碎带的软弱结构面的强度和变形特性对巷道底鼓突水起到重要作用。

④ 巷道底板有 L_2 灰岩含水层、太原组上部灰岩含水层(L_9、L_8、L_7 灰岩),其中,L_2 灰岩含水层厚度为 12.53 m,岩溶裂隙发育,上距二$_1$ 煤层 92.42 m。在断层或裂隙破碎带附近,L_2 灰岩水会向 L_8 灰岩补给。太原组上部灰岩含水层中 L_8 灰岩发育最好,L_8 灰岩含水层厚度为 8.84 m,上距二$_1$ 煤层 26.50 m,L_9 灰岩距煤层底板 12 m。地下水对岩体的影响主要表现在渗透力和渗透破坏、静水压力作用、对软弱结构面及岩体的软化等。总之,地下水在巷道周围产生的水力学的、物理和化学的作用使底板稳定性趋于恶化。

⑤ 巷道掘进断面形状为矩形,断面宽为 6 020 mm,高为 3 300 mm,掘进断面面积为 19.866 m²;一次支护后净断面宽为 5 820 mm,高为 3 200 mm,净断面积为 18.623 m²。矩形巷道容易在底角处产生应力集中,造成巷道变形破坏,较大的断面更容易造成巷道变形破坏。

(2) 观测目的

本次观测布置在Ⅰ盘区回风大巷(东段)F_{122} 断层附近,测站具体位置如图 4-99 所示。将测站布置在巷道有断层处,巷道易突水,并保证观测效果;其次,此段巷道处于一次支护状态,有易突水的有利条件;再者,巷道已经有淋水现象。

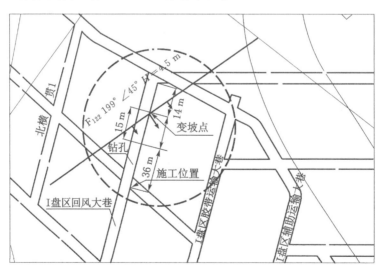

图 4-99　Ⅰ盘区回风大巷(东段)观测站平面图

4.4.2.2　观测内容及测站布置

(1) 观测系统

在注水增压试验中,建立以下综合观测系统:

① 观测底板注水的压力和流量。设计施工一个底板注水钻孔。

② 观测突水过程中巷道底板岩体的物性变化。需要施工一个电极电缆钻孔安装专门电缆电极,观测涌水前后岩体视电阻率的变化。

③ 观测巷道突水量。设置巷道涌水量观测站。

④ 观测巷道顶底板移近量。

⑤ 观测巷道已有裂隙变化。观测站布置如图 4-100 所示。

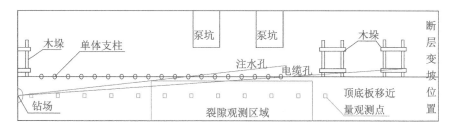

图 4-100　观测站布置平面示意图

(2) 注水钻场及钻孔的设计

① 注水孔设计。根据工程实际及观测需要,将钻场设置在Ⅰ盘区回风大巷(东段)和Ⅱ盘区回风大巷交接地方,距离Ⅰ盘区回风大巷(东段)经 F_{122} 断层变坡点 36 m 处,具体位置如图 4-96、图 4-99 和图 4-100 所示。

注水钻孔,钻孔俯角为 30°,斜长为 23 m,垂深为 11.5 m,水平距离约为 20 m,钻孔底部注水段 3 m,其余下套管。注水段在断层带破碎带处。

② 电缆电极孔设计。在钻场中需要施工埋设专门电缆电极的钻孔,电缆有 40 个电极,电极间距为 1 m。钻孔俯角为 20°,钻孔斜长为 37 m,垂深为 12.5 m,水平距离约为 35 m,电缆穿过断层。实际施工 38 m,套管长 14.5 m。电缆穿过断层,最后注浆封孔。

钻孔剖面图如图 4-101 所示,钻孔要素见表 4-19。

表 4-19　钻孔要素表

钻孔名称	斜长/m	倾角/(°)	垂深/m	水平距离/m	套管长/m
注水孔	23	30	11.5	20	20
电缆孔	37	20	12.5	35	14.5

(3) 巷道出水观测平台的布置

由于观测点处于断层破碎区域,并且巷道较长时间处于一次支护状态,变形破坏严重,如图 4-102 所示。因此,不能确定突水点的具体位置,出水点有可能集中,也有可能呈散点分布,因此将整段观测巷道都作为观测对象。重点观测对象集中于距钻场位置 10~25 m 的区域,即是裂隙观测区的整个巷道宽度,如图 4-100 所示。这是由于注水钻孔沿巷道水平长度为 20 m,在 10~25 m 之间底板突水的可能性最大,但也不能排除其他地方出现涌水。

(4) 顶底板距离测点的布置

由于巷道沿钻孔方向的单体支柱左侧有木垛,堆积了碎煤、煤泥、泵坑以及一些杂物,条

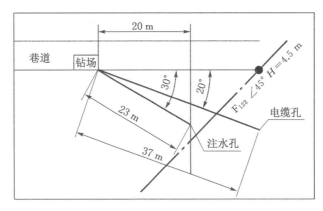

图 4-101　钻孔剖面设计图

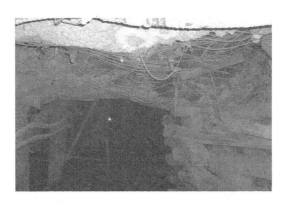

图 4-102　一次支护状态下的巷道状态图

件复杂,不方便布置测点,所以在巷道沿钻孔方向单体支柱右侧距钻场 1 m 处布置倒数第一个测点,根据需要布置 12 个测点,测点平均间距为 2 m。在测点处做标记,测点布置见图 4-103 所示。

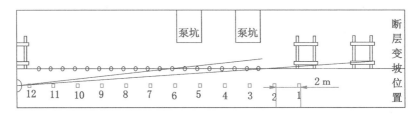

图 4-103　顶底板距离测点示意图

（5）裂隙观测平台的布置

巷道沿顶板掘进,底板有很厚的底煤,处于断层影响范围内的巷道破碎,在断层处顶板淋水。在观测巷道经常有煤泥淤积和碎煤积在底板,因此在观测前应将注水最可能影响到的距钻场位置 10～25 m 的区域清理成煤层硬底,并将积水引入泵坑,以便观测。观测区域长 15 m,宽 2 m。底板裂隙观测区域如图 4-100 所示。

4.4.3 巷道增压突水过程控制

钻孔施工完成后,采用 φ25 mm 的塑料水管作为伴管将电缆电极送入电缆孔终孔位置,并注浆封孔。将靠近断层一侧的顶板淋水汇集到泵坑,并与注水侧的水流分开以便进行涌水量的估计与测量。同时,将底板淤泥清理完,准备好裂隙观测平台和顶底板移近量观测点后,可对注水钻孔进行注水。

准备工作完成后可以进行注水,注水采用地面泵站通过高压管路进行,在钻孔处用两级阀门调节水压和水量,通过观察水压表调节阀门控制水压,水量观测可通过地面泵站记录。

进行注水前需要对原始数据进行观测,包括使用 YDZ(A) 直流电法仪对底板视电阻率的观测,用卷尺铅直下垂法对顶底板距离的观测,采用容积法对巷道出水量的观测,以及底板裂隙观察。

2011 年 11 月 12 日开始注水,为了防止人员不在场的时候突水,安排每天注水一个班(即不到 8 h),每天进行一次数据观测。

由于注水钻孔中有 1.5 m³/h、1 MPa 的自然涌水,开始注水后将钻孔封闭一天,巷道底板没出现异常反应;第二天将水压加到 2 MPa,注水时间为 11:30～16:30,巷道没有出现突水;第三天开始同样用 2 MPa 水压进行注水,时间为早上 8:30～11.20,在这段时间巷道底板出现突水,此后注水水压下降并维持在 1.5 MPa。

4.4.4 观测成果分析

4.4.4.1 巷道出水特征

2011 年 11 月 14 日早上 9:30 左右巷道出现突水,在距离钻场向断层方向 16 m、巷道右侧底角处,出现大的集中涌水点 1#,涌水点位置见图 4-104 所示,底角处裂隙长度为 40 cm,中间最宽处裂隙宽大约为 10 cm。在沿钻场方向和煤壁呈 45°夹角,距离 1# 涌水点 40 cm 处又一大的集中 2# 涌水点,涌水点大致呈圆形,直径约有 10 cm。由于底板有碎煤填塞,涌水点没有呈现出连续的形态,而是呈散点分布,如图 4-104 中 3#～9# 涌水点,水量比较小。

观测到 1# 和 2# 涌水点是比较大的、贯通的涌水通道,涌水量大约有 3 m³/h,3#～9# 涌水点涌水量大约为 0.5 m³/h,总涌水量为 3.5 m³/h。

开始涌水时,1# 和 2# 是主要涌水点,一个小时后 1# 涌水点水量减少,2# 涌水点水量变大,3#～9# 涌水点水量稍有变大,说明巷道底板涌水有向钻场方向发展的趋势。但总水量变化不大,并且水压维持在 1.5 MPa 左右。根据地面泵站的记录,注水时间为 2011 年 11 月 13 日 11:30～16:30 和 2011 年 11 月 14 日早上 8:30～11:20,总共注水 44 m³,平均注水流量大约为 5.5 m³/h,钻孔施工完毕时孔中有 1.5 m³/h 的涌水量,而突水后涌水点总涌水量有 3.5 m³/h。分析认为,在高于自然水压的情况下,注入钻孔中的水扩散到底板岩层和裂隙中了。

4.4.4.2 巷道底板裂隙变化特征

在巷道大的涌水点即距钻场 16 m 处,巷道底角处出现一条 40 cm 长的大裂缝,分析认为,在巷道底角处的集中应力以及底板水压的共同作用下形成了导水裂缝。随着注水过程的进行,1# 涌水点水量变小,2#～9# 涌水点水量变大,把涌水点用平滑的曲线连接起来,形成一条和煤壁大致呈 40°夹角的裂隙,裂隙发展如图 4-105 所示。

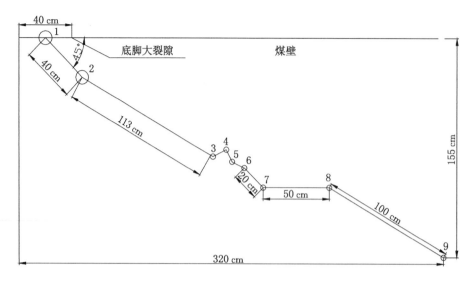

图 4-104　巷道涌水点位置示意图

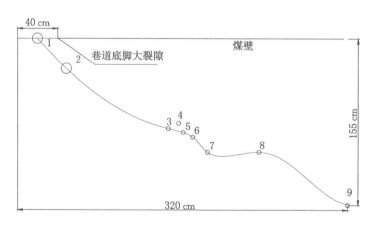

图 4-105　巷道突水后裂隙发展示意图

从涌水量变化可以说明底板裂隙向钻场方向发展,并且向巷道中部扩展,这一现象符合力学机理,远离煤壁的岩层受到比较大的力矩,在水压作用下向上鼓起并引起裂隙张开,同时使底角处裂隙逐渐闭合。裂隙没有向断层方向发展,而是向相反方向发展。分析认为:一方面,涌水区段也处于破碎带,有涌水的条件;另一方面,在靠近断层一侧有木垛支护,不利于底板变形和裂隙的扩展,表明加强巷道支护抑制底鼓,可降低涌水量和变形量。

4.4.4.3　巷道出水过程中的底鼓变形特征

根据测点的布置,在钻孔未注水前进行第一次测量作为原始数据,在压力为 1 MPa 情况下注水一天后进行第二次测量,在压力为 2 MPa 情况下注水一天后进行第三次测量,突水后进行第四次测量。顶底板距离数据见表 4-20,根据测量数据绘出顶底板距离变化趋势图和突水前后顶底板移近量图,如图 4-106 和图 4-107 所示。

表 4-20 顶底板距离观测数据

测点号	第一次测量/cm	第二次测量/cm	第三次测量/cm	第四次测量/cm	最大顶底板移近量/cm
12	160	159	155	155	5
11	175	176	170	168	7
10	205	204	200	198	7
9	215	209	205	205	10
8	220	218	211	211	9
7	229	227	221	220	9
6	242	239	235	234	8
5	258	255	250	250	8
4	259	258	257	256	3
3	253	253	252	252	1
2	229	228	228	228	1
1	233	233	232	232	1

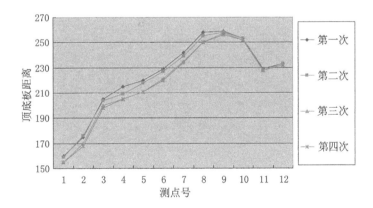

图 4-106 巷道突水前后顶底板距离变化曲线图

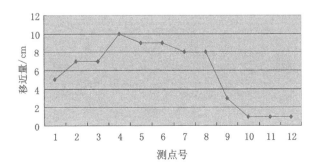

图 4-107 巷道突水前后顶底板移近量曲线图

根据测量数据和数据变化趋势可以看出：

① 在 1 MPa 压力下注水后顶底板移近量变化很小，在 2 MPa 压力下注水后移近量变化最大，说明在注水压力达到 2 MPa 后底板裂隙开始明显发展，在地应力、底板水和裂隙共同影响下，发生底鼓。

② 突水后注水压力维持在 1.5 MPa 左右，注水压力不再上升，并且此后顶底板移近量变化不明显，分析认为裂隙贯通，注进钻孔的水沿裂隙扩散，不能起到有效的承压效果，底板难以继续鼓起。

③ 顶底板移近量最大的区域出现在 4# 测点和 8# 测点之间，即距离钻场 9～18 m 之间，在靠近钻孔的区域移近量最小，其次是靠近最大裂隙的断层一侧，移近量最大的部位和裂隙区域、涌水区域一致，说明了裂隙发展导致岩体较大的变形。但总体来讲，底鼓量不是很大，认为一方面巷道岩体破碎，使水容易扩散，不易形成大的压力，另一方面利用人工注水，水量和压力总体可控，不易造成大的底鼓突水。据现场技术人员介绍，注水造成的涌水现象和之前巷道产生大的底鼓时的前兆几乎一样，如果条件充分，巷道即会产生大的底鼓，甚至巷道完全失稳。

4.4.4.4 巷道底板岩体物性变化

底板岩层未受采动矿压影响，处于原岩状态，通过观测得到岩层视电阻率的初始背景值；若观测区域内无构造扰动，同一层位测得的视电阻率剖面曲线基本维持在一定范围，其数值为原岩视电阻率值。底板受岩层压力作用而破碎，电极电缆周围的岩层被破坏，若岩层破坏后裂隙内未充水，电极测量得到的视电阻率将明显变大；若岩层破坏后裂隙内被水充满，电极测量得到的视电阻率将急剧减小。

在封孔浆液凝固以后，可以在注水前进行原始数据测量，此后在注水压力 1 MPa 完成后进行一次测量，突水后测量一次。

根据视电阻率测量数据（表 4-21）和数据变化曲线（图 4-108）可以看出：

表 4-21 视电阻率观测原始数据 单位：Ω·m

测点号	第一次	第二次	第三次	测点号	第一次	第二次	第三次
1#	2.05	0.04	4.015 02	18#	34.95	33.395 5	92.383 3
2#	0.942 81	3.83	11.121	19#	38.28	38.386 7	37.727 92
3#	0.14	0.015 62	14.717 5	20#	36.99	1.075 31	71.396 3
4#	0.175 78	0.019 53	5.901 87	21#	11.67	38.998 4	35.369
5#	0.132 81	5.328 12	19.442 23	22#	23.26	28.877 1	110.391
6#	0.042 96	3.668 36	0.167 97	23#	37.08	20.273 4	61.729 4
7#	0.074 46	0.023 44	3.203 5	24#	18.078	24.685 8	22.425 7
8#	0.312 67	5.282 31	11.906 5	25#	39.273	33.753 7	44.659 5
9#	0.006 64	0.574 46	23.164	26#	41.995	26.831 3	11.429 9
10#	0.039 06	0.003 9	13.281 2	27#	0.035 1	3.820 53	33.547 5
11#	0.046 87	0.074 21	18.375	28#	31.818	4.202 12	42.919 5
12#	0.140 62	15.093 7	17.293	29#	36.728	24.132 8	99.294 3

表 4-21(续)

测点号	第一次	第二次	第三次	测点号	第一次	第二次	第三次
13#	2.332 03	0.301 49	15.417 9	30#	0.128 9	37.597 3	43.649 5
14#	0.105 46	75.745 3	17.969 1	31#	36.675	24.167 9	214.14
15#	89.89	4.767 41	23.635 2	32#	5.450 95	31.537 9	229.289
16#	34.78	26.754 4	211.563	33#	41.324	25.808 2	89.031 2
17#	25.007 8	0.921 58	181.563	34#	50.969 9	1.304 68	27.105 6

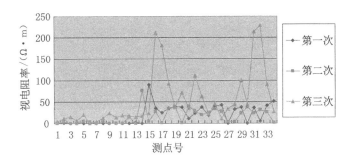

图 4-108 底板岩层视电阻率变化曲线图

① 在突水以前水压力为 1 MPa 的情况下,第一次和第二次观测到的底板视电阻率和原始数据比较变化不大。

② 当水压力增大到 2 MPa 突水后,第三次测量数据变大,表现在 16#、17# 测点和 31#、32# 测点出现视电阻率急剧增大的现象。其中,16# 点视电阻率由突水前的 34.78 Ω·m 增大到突水后的 211.563 Ω·m,增大了 6.08 倍,并且该点与 1#、2# 涌水点的位置相对应。31# 测点视电阻率由突水前的 36.675 Ω·m 增大到突水后的 214.14 Ω·m,增大了 5.84 倍,该点在木垛支护下无法观测涌水量。

研究认为,注水压力造成岩层裂隙扩张,充水导致视电阻率增大。突水后在 23#～28# 测点之间视电阻率又有变小的趋势,认为此段巷道受到木垛支护影响,裂隙未能充分发育。在 29# 测点视电阻率又突然增大,分析认为在接近断层处裂隙比较发育,说明注水影响到断层并导致注浆后岩层裂隙的扩展。

4.4.4.5 巷道底板的阻水系数

由图 4-101 可见,注水孔距巷道距离 $H_z = 11.5$ m,突水时的注水压力为 $P_z = 2$ MPa 时,巷道底板岩体的阻水系数 Z 为:

$$Z = \frac{p_z}{H_z} = 0.174 \text{（MPa/m）}$$

阻水系数大于一般断层条件下的突水系数 0.06 MPa/m,但小于目前赵固二矿的突水系数 0.28 MPa/m,表明破碎岩体有一定的阻水能力,但在赵固二矿高突水危险情况下,应加强巷道的突水超前探测和突水防治工作。

综上所述,通过底板进行突水试验,在注水压力为 2 MPa 时发生了底板突水,认识到巷道突水首先发生在巷道底角处,并向巷道中部扩展,同时伴随着巷道底鼓,底板裂隙的发展和物性的急剧变化,认为造成底鼓突水的因素是地下水压、断面、断层和支护形式等工程。

根据发生突水后巷道及岩体变化特征提出,掘进前加强底板水及地质构造的探测,提前采取相关措施,并根据需要进行巷道加固,包括提高底板完整性和强度的注浆加固技术,二次高预应力支护等。同时,应注意加强底角处岩体强度,提高底角围岩的自承力。

5 巷道突水防治技术措施

5.1 巷道突水的"三向五探"超前探测技术

"三向"即掘进区域地面向下、掘进时前方、掘进后向下的"三方向";"五探"即以钻探为主结合三维高精度地震、电法、瞬变电磁和坑透等 5 种综合超前探测技术。

5.1.1 钻孔超前探测及封堵

赵固二矿Ⅰ盘区回风大巷(西段)通尺 560 m,根据揭露地质资料显示,本区域煤层底板隔水层已被破坏,为掌握巷道前方水文地质及构造情况,防止二$_1$煤层底板含水层 L$_9$、L$_8$、L$_7$及 L$_2$灰岩水涌入矿井,进行超前探水、探构造。

5.1.1.1 基本情况

辅运斜巷与Ⅰ盘区回风大巷(西段)向西掘进,至 2011 年 3 月 3 日向西已掘 560 m。地层倾角为-5.5°,走向为 180°~330°,二$_1$煤层到 L$_8$灰间的厚度为 26.25 m,L$_8$灰的厚度为 10.11 m。从三维地震勘探资料和巷道实际揭露的资料看,在该巷道北侧 120 m 处有 FS$_4$断层,该断层落差为 20 m,倾角为 65°。该处 L$_8$灰岩厚度为 10.11 m,距二$_1$煤层底板 26.25 m;L$_9$灰岩厚度为 2.05 m,距二$_1$煤层底板 13.94 m。由于岩层破碎,L$_8$灰岩到二$_1$煤层间的隔水层阻水能力已大幅降低。L$_8$灰岩裂隙多,因而该处 L$_8$灰岩富水性较强。

5.1.1.2 钻孔的布置及参数

(1) 钻孔的布置

在Ⅰ盘区回风大巷(西段)掘进头进行施工,共布置 4 个钻孔,其中 1$^\#$和 2$^\#$孔两个孔控制巷道正前方范围内水文构造情况,3$^\#$和 4$^\#$两个孔控制 FS$_4$断层。钻孔下二级套管,其中一级套管下到二$_1$煤层底板以下垂距 7 m,二级套管下到 L$_9$灰岩底以下垂距 7 m。1$^\#$和 2$^\#$孔终孔深度控制在 L$_8$灰岩底板下垂距 15 m,3$^\#$和 4$^\#$孔终孔深度控制在 L$_2$灰岩底板下垂距 15 m,如以上钻孔不能满足要求,可根据钻孔揭露的水文地质资料适当增加钻孔。钻孔剖面图如图 5-1 所示。

(2) 钻孔的结构与参数

先用 φ133 mm 钻头开孔到一级套管孔深,下入 φ108 mm 的套管,用水泥浆固管,再扫孔,然后进行耐压试验,终压达到 10 MPa。然后再用 φ113 mm 的无心钻头钻进至二级套管深度,然后下入 φ89 mm 套管进行固管试压,终压达到 15 MPa。最后用 φ75 mm 钻头钻进至终孔。钻孔参数如表 5-1 所示,钻孔结构图如图 5-2 所示。

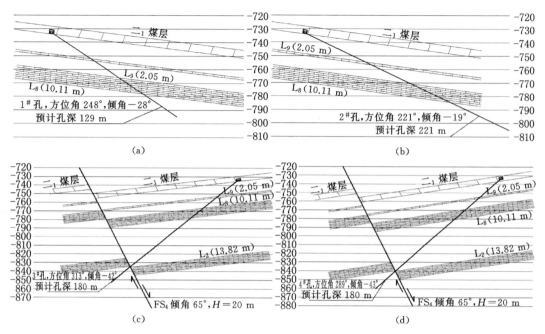

图 5-1 超前探构造钻孔剖面示意图

(a) 1# 钻孔;(b) 2# 钻孔;(c) 3# 钻孔;(d) 4# 钻孔

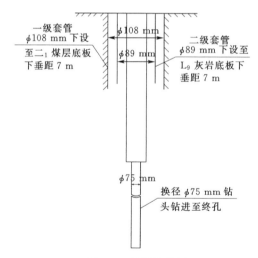

图 5-2 钻孔结构图

表 5-1 Ⅰ盘区回风大巷(西段)探水、探构造参数表

孔号	预计孔深 /m	终孔层位	开孔方位角 /(°)	钻孔倾角 /(°)	一级套管/m	二级套管	备注
1#	129	L_8 灰岩底向下垂距 15 m	248	−28	15	ϕ108 mm,L_9 灰岩底板下垂距 7 m	探水、探构造

表 5-1(续)

孔号	预计孔深 /m	终孔层位	开孔方位角 /(°)	钻孔倾角 /(°)	一级套管/m	二级套管	备注
2#	221	L_8灰岩底向下垂距 15 m	248	−19	22	φ108 mm，L_9岩底板下垂距 7 m	探水、探构造
3#	180	L_2灰岩底向下垂距 15 m	313	−42	22	φ108 mm，L_9岩底板下垂距 7 m	探水、探构造
4#	180	L_2灰岩底下垂距 5 m	289	−43	22	φ108 mm，L_9岩底板下垂距 7 m	探水、探构造

5.1.1.3 预注浆封堵技术要求

（1）预注浆要求

预注浆：为防止 L_8 灰岩水串入钻孔周围裂隙中，钻孔揭露含水层前，钻进施工过程中如有钻孔出水现象，必须见水即注，以封闭钻孔周围裂隙；坚决杜绝有水仍然钻进的施工方式。

固管前预注浆：为保证固管效果，防止固管时孔口周围出现渗漏现象，下二级套管前必须进行预注浆。一级套管前预注浆压力为 10 MPa，二级套管前预注浆压力为 15 MPa，以封闭孔周围岩层裂隙，确保固管质量。预注浆时应首先采用水灰比为 1∶0.3 的比例，之后根据进浆液和压力情况可适时将水灰比增加至 1∶0.7。如果压力仍然不上，可将水灰比调至 1∶1，直至达到注浆压力。

（2）注浆固管

下二级套管前如钻孔内有涌水，则必须先进行预注浆封水，且不准下套管。根据本次施工目的，一级套管耐压试验压力不小于 10 MPa，二级套管耐压试验压力不小于 15 MPa，均稳定 30 min，孔口周围不漏水、套管不活动为合格，否则需重新注浆固管，直至耐压试验合格。两个级别的套管法兰盘要固定在一起使用，保证高压注浆时套管强度，防止高压注浆时将套管拉断。

（3）相关要求

第一，各钻孔参数是根据现有地质资料计算的，实际施工中每个钻孔参数要根据施工钻孔揭露的地质资料重新计算，以保证工程质量和效果。

第二，施工单位在编制措施时，要根据施工地点分别制定避水灾、火灾和瓦斯灾害路线。

第三，措施编制审批完毕后，要向施工人员认真贯彻学习。

5.1.2 电法超前探测

赵固二矿属于大埋深高水压矿井，地层受构造挤压揉搓变形严重，地层极为破碎，裂隙非常发育，根据相关规定，在巷道掘进前必须做直流电法超前探测，回采前做直流电法底板测深，探清底板富水性情况。

利用直流电法超前探测成果报告和三维地震勘探资料综合分析，进行掘进头前方水文地质的预测预报，以及工作面回采前的底板测深，探清底板富水性情况。工作面回采前进行直流电级法底板测深，探清底板富水性情况，如有异常，提前采取相应措施，避免回采时底板突水,确保安全回采。掘进头进行直流电法超前探测,施工单位在收到水文地质预测预报后应进行防护,确保安全施工。

在掘进前,须采用直流电法仪对掘进工作面前方水文地质情况进行探查。发现异常区时,必须打钻孔验证异常区富水性,若发现异常区有突水危险时,必须在异常区以外向巷道底板打注浆钻孔进行注浆改造工作,且经过检验突水威胁消失后方可掘进。原则上坚持"有疑必探,先探后掘"的方针,要求掘90 m探100 m,保持10 m超前距。在掘进期间若遇到落差大于2 m的断层时,必须停头进行注浆加固。当预测掘进头前方有破碎带或断层必须进行超前钻探及断层注浆加固时,要求方案中不少于2个孔,其中1个孔控制在掘进头前方40 m揭露L_8灰岩,另1个孔控制在掘进头前方80 m揭露L_8灰岩,两孔控制深度至少在L_8灰岩下垂距30 m。

5.1.2.1　直流电法仪器

直流电法仪器如图5-3所示。

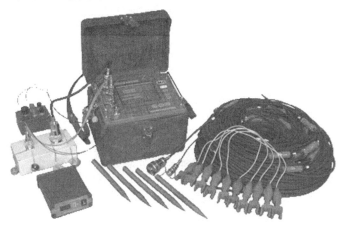

图5-3　高分辨直流电法仪

高分辨直流电法仪可以用于巷道底板富水区域探测和巷道底板隔水层厚度、原始导高、掘进头以及巷道边帮前方导、含水构造的超前探测,还可以用于注浆治理效果检测。

高分辨率直流电法仪主要技术参数有:4个发射通道;发射电压为100 V;最大发射电流50 mA/100 mA可选;接受道数为32道;接收电压精度为0.02%(100 mA);接收电压范围为±2 V;输入阻抗大于等于100 MΩ;探测距离为100 m;防爆型式为煤矿用本质安全型设备,防爆标志为"ExibI";工作方式为自动观测/即时数据处理/接地条件自检。

5.1.2.2　1105工作面胶带运输巷直流电法超前探测

针对本次探测结果,选取1105工作面胶带运输巷直流电法超前探测典型成果,如图5-4～图5-7所示。

每次直流电法探测,供电电极A、B和C间距为4 m,A距掘进迎头14 m。

在1105工作面胶带巷迎头通尺120 m时,在掘进头前方存在1处视电阻率低阻异常,位于通尺130 m附近,命名为1号异常。在做本次物探时,掘进头顶板淋水较大,超前顶板探眼亦有水;以上异常视电阻率低阻异常区段,异常幅值和范围相对较大,视电阻率较低,推断前方裂隙发育,岩层破碎,富水性中等。

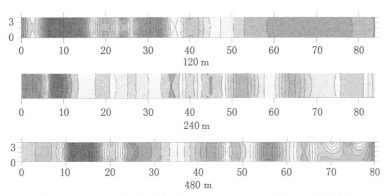

图 5-4　1105 工作面胶带运输巷 120～480 m 直流电法探测成果

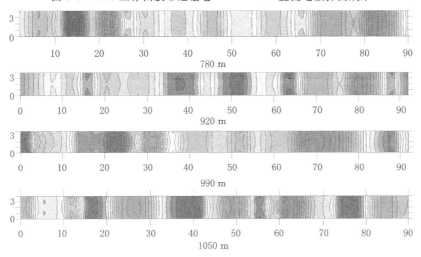

图 5-5　1105 工作面胶带运输巷 780～1 050 m 直流电法探测成果

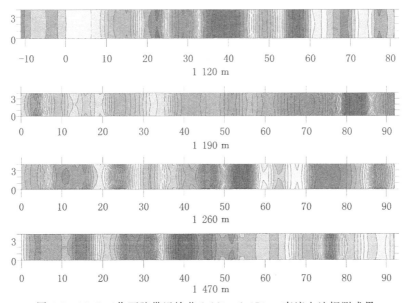

图 5-6　1105 工作面胶带运输巷 1 120～1 470 m 直流电法探测成果

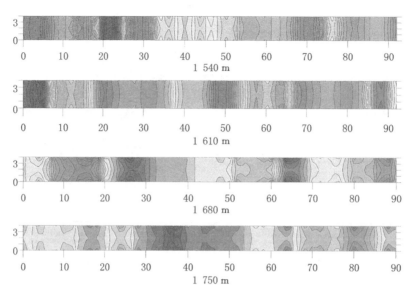

图 5-7　1105 工作面胶带运输巷 1 540～1 750 m 直流电法探测成果

在 1105 工作面胶带巷迎头通尺 240 m 时,在掘进头前方存在 1 处视电阻率低阻异常,位于通尺 248 m 附近,命名为 1 号异常。该异常幅值和范围相对较大,视电阻率较低,推断前方裂隙发育,岩层破碎,为顶板砂岩水影响。

在 1105 工作面胶带巷迎头通尺 480 m 时,在掘进头前方存在 1 处视电阻率低阻异常,位于通尺 490～497 m 附近,命名为 1 号异常。该异常幅值和范围相对较大,视电阻率较低,推断前方裂隙发育,岩层破碎,为顶板砂岩水影响。

在 1105 工作面胶带巷迎头通尺 780 m 时,在掘进头前方存在 1 处视电阻率低阻异常,位于通尺 795 m 附近,命名为 1 号异常。1 号异常幅值和范围相对较大,视电阻率较低,推断前方裂隙发育,岩层破碎,富水性较强。

在 1105 工作面胶带巷迎头通尺 920 m 时,在掘进头前方存在 3 处视电阻率低阻异常,分别位于通尺 956 m、970 m 和 984 m 附近,依次命名为 1 号异常、2 号异常和 3 号异常。2 号异常幅值和范围相对较大,视电阻率较低,推断前方裂隙发育,岩层破碎,富水性较强,1 号异常和 3 号异常富水性较弱。

在 1105 工作面胶带巷迎头通尺 990 m 时,在掘进头前方存在 3 处视电阻率低阻异常,分别位于通尺 990 m、1 010 m 和 1 078 m 附近,依次命名为 1 号异常、2 号异常和 3 号异常。2 号异常幅值和范围相对较大,视电阻率较低,推断前方裂隙发育,岩层破碎,富水性较强,1 号异常和 3 号异常富水性较弱。

在 1105 工作面胶带巷迎头通尺 1 060 m 时,在掘进头前方存在 3 处视电阻率低阻异常,分别位于通尺 1 076 m、1 097 m 和 1 135 m 附近,依次命名为 1 号异常、2 号异常和 3 号异常。2 号异常幅值和范围相对较大,视电阻率较低,推断前方裂隙发育,岩层破碎,富水性较强,1 号异常和 3 号异常富水性较弱。

在 1105 工作面胶带巷迎头通尺 1 120 m 时,在掘进头前方存在 3 处视电阻率低阻异常,分别位于通尺 1 145 m、1 155 m 和 1 177 m 附近,依次命名为 1 号异常、2 号异常和 3 号异常。2 号异常幅值和范围相对较大,视电阻率较低,推断前方裂隙发育,岩层破碎,富水性较强,1 号异常富水性较弱,3 号异常幅值和范围相对较小但富水性强。

在 1105 工作面胶带巷迎头通尺 1 190 m 时,在掘进头前方存在 1 处视电阻率低阻异常,位于通尺 1 270 m 附近,命名为 1 号异常。1 号异常幅值和范围相对较大,视电阻率较低,推断前方裂隙发育,岩层破碎,富水性较强。

在 1105 工作面胶带巷迎头通尺 1 260 m 时,在掘进头前方存在 1 处视电阻率低阻异常,位于通尺 1 315 m 附近,命名为 1 号异常。1 号异常幅值和范围相对较大,视电阻率较低,推断前方裂隙发育,岩层破碎,富水性较强。

在 1105 工作面胶带巷迎头通尺 1 470 m 时,在掘进头前方存在 1 处视电阻率低阻异常,位于通尺 1 505 m 附近,命名为 1 号异常。1 号异常幅值和范围相对较大,视电阻率较低,推断前方裂隙发育,岩层破碎,富水性较强。

在 1105 工作面胶带巷迎头通尺 1 540 m 时,在掘进头前方存在 1 处视电阻率低阻异常,位于通尺 1 560 m 附近,命名为 1 号异常。1 号异常幅值和范围相对较大,视电阻率较低,推断前方裂隙发育,岩层破碎,富水性较强。

在 1105 工作面胶带巷迎头通尺 1 610 m 时,在掘进头前方存在 1 处视电阻率低阻异常,位于通尺 1 610 m 附近,命名为 1 号异常。1 号异常幅值和范围相对较大,视电阻率较低,推断前方裂隙发育,岩层破碎,富水性较强。

在 1105 工作面胶带巷迎头通尺 1 680 m 时,在掘进头前方存在 2 处视电阻率低阻异常,分别位于通尺 1 705 m 和 1 744 m 附近,依次命名为 1 号异常和 2 号异常。1 号异常幅值和范围相对较大,视电阻率较低,推断前方裂隙发育,岩层破碎,富水性较强,2 号异常范围相对较小。

在 1105 工作面胶带巷迎头通尺 1 750 m 时,在掘进头前方存在 1 处视电阻率低阻异常,位于通尺 1 782 m 附近,命名为 1 号异常。1 号异常幅值和范围相对较大,视电阻率较低,推断前方裂隙发育,岩层较为破碎且富水性较强。

5.1.2.3　1105 工作面回风巷直流电法探测

选取 1105 工作面回风巷直流电法探测代表性成果,如图 5-8～图 5-9 所示。

在 1105 回风巷迎头通尺 320 m 时,在掘进头前方存在 3 处视电阻率低阻异常,分别位于通尺 332 m、345 m 和 363 m 附近,依次命名为 1 号异常、2 号异常、3 号异常。1 号异常异常幅值和范围相对较大,视电阻率较低,推断前方裂隙发育,岩层破碎,富水性较强,2 号异常和 3 号异常异常幅值和范围相对较小,富水性较弱。

在 1105 回风巷迎头通尺 390 m 时,在掘进头前方存在 1 处视电阻率低阻异常,位于通尺 390 m 附近,命名为 1 号异常。1 号异常幅值和范围相对较大,视电阻率较低,推断前方裂隙发育,岩层破碎,富水性较弱。

在 1105 回风巷迎头通尺 460 m 时,在掘进头前方存在 1 处视电阻率低阻异常,位于通尺 550 m 附近,命名为 1 号异常。1 号异常幅值和范围相对较大,视电阻率较低,推断前方裂隙发育,岩层破碎,富水性较强。

在 1105 回风巷迎头通尺 670 m 时,在掘进头前方存在 2 处视电阻率低阻异常,分别位于通尺 670 m 和 688 m 附近,依次命名为 1 号异常和 2 号异常。1 号异常幅值和范围相对较大,视电阻率较低,推断前方裂隙发育,岩层破碎,富水性较强,2 号异常富水性较弱。

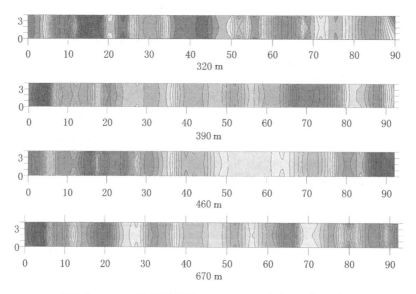

图 5-8　1105 工作面回风巷 320～670 m 直流电法探测成果

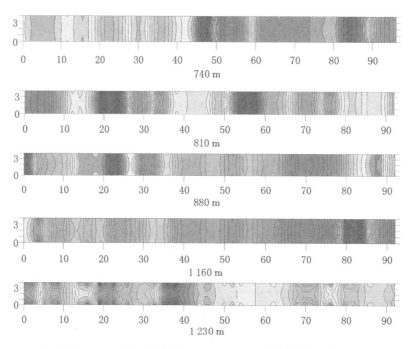

图 5-9　1105 工作面回风巷 740～1 230 m 直流电法探测成果图

在 1105 回风巷迎头通尺 740 m 时,在掘进头前方存在 2 处视电阻率低阻异常,分别位于通尺 785 m 和 825 m 附近,依次命名为 1 号异常和 2 号异常。1 号异常幅值和范围相对较大,视电阻率较低,推断前方裂隙发育,岩层破碎,富水性中等,2 号异常富水性较弱。

在 1105 回风巷迎头通尺 810 m 时,在掘进头前方存在 2 处视电阻率低阻异常,分别位于通尺 830 m 和 855 m 附近,依次命名为 1 号异常和 2 号异常。1 号异常和 2 号异常幅值和范围相对较大,视电阻率较低,推断前方裂隙发育,岩层破碎,富水性较强。

在1105回风巷迎头通尺880 m时,在掘进头前方存在2处视电阻率低阻异常,分别位于通尺880 m和902 m附近,依次命名为1号异常和2号异常。2号异常幅值和范围相对较大,视电阻率较低,推断前方裂隙发育,岩层破碎,富水性较强,1号异常相对较弱。

在1105回风巷迎头通尺1 160 m时,在掘进头前方存在1处视电阻率低阻异常,位于通尺1 195 m附近,命名为1号异常。1号异常幅值和范围相对较大,视电阻率较低,推断前方裂隙发育,岩层破碎,富水性中等。

在1105回风巷迎头通尺1 230 m时,在掘进头前方存在1处视电阻率低阻异常,位于通尺1 265 m附近,命名为1号异常。1号异常幅值和范围相对较大,视电阻率较低,推断前方裂隙发育,岩层破碎,但富水性较小。

总计底板测深4 460 m,超前探测4 340 m,每次超前探测100 m,提前探测距离20 m,每掘进80 m做一次超前探测,共计54次。

5.1.3 区域地面高精度三维地震超前探测

本次三维地震勘探工作共完成线束4束,控制面积1.26 km²,共完成生产物理点1 488个(设计1 364个),试验物理点18个(设计16个),总计物理点1 504个。

本次地面高精度三维地震探测查明了勘探区内二₁煤层的埋藏深度、起伏形态及煤层厚度变化趋势;查明了落差大于3 m的断层,并解释了落差小于3 m的断层或断点,共解释断层13条;查明了L₈灰岩、奥陶系灰岩顶界面的起伏变化情况;利用波阻抗反演数据体定性预测了二₁煤层的顶板岩性。

根据揭露、验证情况及时沟通,修正三维地震勘探资料,总结精细三维地震勘探技术,为下一步推广应用提供经验。

地面高精度三维地震探测构造部分成果如下:

5.1.3.1 DF₁断层

位于勘探区南部边界附近,正断层,为本次勘探新发现的断层(图5-10)。走向为NE,倾向为SE。错断二₁煤层,落差为0～8 m,断层被F₁₈断层所切割,勘探区内延伸长度约130 m,属较可靠断层。

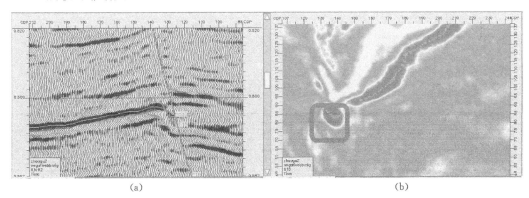

(a)   (b)

图5-10　DF₁断层

(a)纵向放大时间剖面;(b)水平时间切片

5.1.3.2 DF$_2$断层

位于勘探区南部边界附近,正断层,为本次勘探新发现的断层。走向为 NE,倾向为 NW。错断二$_1$煤层,落差为 0～6 m,勘探区内延伸长度约 205 m,属可靠断层(图 5-11)。

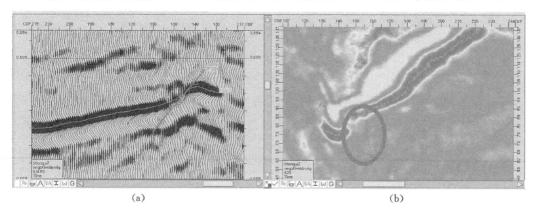

(a) (b)

图 5-11 DF$_2$断层

(a) 纵向放大时间剖面;(b) 水平时间切片

5.1.3.3 DF$_3$断层

位于勘探区南部边界附近,正断层,为本次勘探新发现的断层。走向为 NE,倾向为 SW。错断二$_1$煤层,落差为 0～6 m,勘探区内延伸长度约 205 m,属可靠断层(图 5-12)。

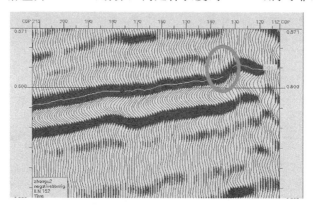

图 5-12 DF$_3$断层纵向放大时间剖面

5.1.3.4 DF$_4$断层

位于勘探区东南部边界附近,正断层,为本次勘探新发现的断层。走向近 EW,倾向为 N。错断二$_1$煤层,落差为 0～3 m,勘探区内延伸长度约 180 m,属可靠断层(图 5-13)。

5.1.3.5 DF$_5$断层

位于勘探区东南部边界附近,正断层,为本次勘探新发现的断层。走向为 NE,倾向为 SE。错断二$_1$煤层,落差为 0～3 m,勘探区内延伸长度约 240 m,属可靠断层(图 5-14)。

5.1.3.6 DF$_8$断层

位于勘探区中西部边界附近,正断层,为本次勘探新发现的断层。走向为 NE,倾向为

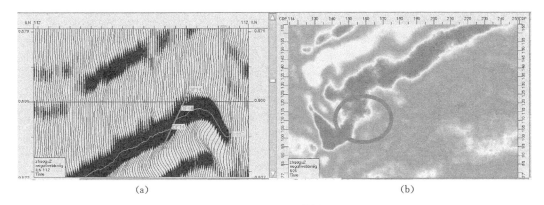

(a)　　　　　　　　　　　　　　　　(b)

图 5-13　DF₄ 断层

（a）纵向放大时间剖面；（b）水平时间切片

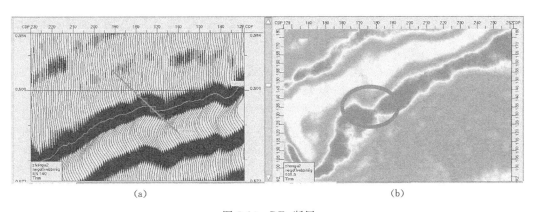

(a)　　　　　　　　　　　　　　　　(b)

图 5-14　DF₅ 断层

（a）纵向放大时间剖面；（b）水平时间切片

SE。错断二₁煤层,落差为 0～3.2 m,勘探区内延伸长度约 240 m,属可靠断层(图 5-15)。

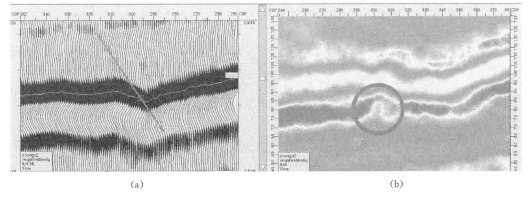

(a)　　　　　　　　　　　　　　　　(b)

图 5-15　DF₈ 断层

（a）纵向放大时间剖面；（b）水平时间切片

5.1.4　瞬变电磁底板探测

为了进一步查明巷道底板突水危险区域,采用矿井瞬变电磁法对赵固二矿 1105 工作面底板进行了水文探测。经过数据处理、分析、解释,得出水文物探的初期成果。

5.1.4.1　井下施工

根据矿方实际生产要求,本次探测测点布置于 1105 工作面的回风巷、运输巷,测点点距为 10 m,测线主要分为两个部分。

① 第一段测线起点位置为工作面回风巷通尺 700 m 位置处,终点位置为工作面回风巷通尺 1 330 m 位置,测线长度为 620 m,探测工作面内底板含水情况。物理测点点距为 10 m,共布置测点 63 个,每个测点探测两个角度,共布置测点 126 个,具体探测方向如图 5-16 所示。

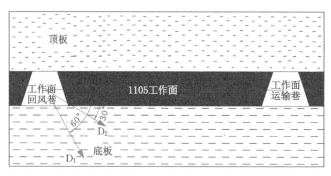

图 5-16　第一测段瞬变电磁探测方向示意图

② 第二段测线起点位置为工作面回风巷通尺 1 600 m 位置处,终点位置为切眼位置,对应工作面运输巷起点为通尺 1 650 m 位置,终点位置为切眼位置。即探测工作面自切眼向停采线方向 500 m 范围内,工作面内、外底板含水情况。

工作面回风巷和工作面运输巷测点距均为 10 m,每个物理测点探测工作面内和工作面外底板的含水情况,具体探测角度如图 5-17 所示。

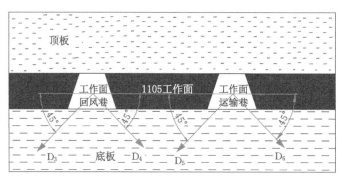

图 5-17　第二测段瞬变电磁探测方向示意图

5.1.4.2　探测成果分析

矿井 TEM 视电阻率等值线断面图横坐标为测点,纵坐标为沿探测方向上深度,结合地质和水文地质资料,确定探测区域内横向、水平深度和垂向深度上岩层电性变化情况。

将1105工作面实测资料进行去噪、滤波,然后进行反演后,即可绘制视电阻率等值线断面图,下端坐标为水平距离(单位:m),左右两侧为沿探测方向上的探测距离(单位:m)。

(1)第一段测线视电阻率等值线断面图

第一段测线起点位置为工作面回风巷通尺700 m位置处,终点位置为回风巷通尺1 330 m位置,测线长度为620 m,探测工作面内底板含水情况。其主要目的是对比注浆加固前后瞬变电磁响应情况,验证注浆效果,现阶段为注浆前瞬变电磁探测结果,如图5-18、图5-19所示。

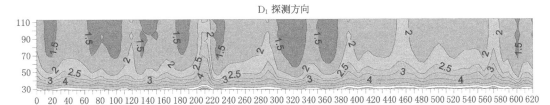

图5-18　工作面回风巷 D_1 探测方向视电阻率等值线断面图

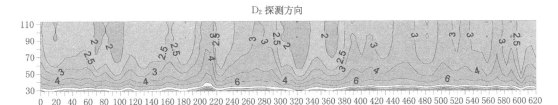

图5-19　工作面回风巷 D_2 探测方向视电阻率等值线断面图

(2)第二段测线视电阻率等值线断面图

第二段测线起点位置为工作面回风巷通尺1 600 m位置处,终点位置为切眼位置,对应工作面运输巷起点为通尺1 650 m位置,重点位置为切眼位置。即探测工作面自切眼向停采线方向500 m范围内,工作面内、外底板含水情况。

第一段测线探测的主要地质任务是对比注浆前后瞬变电磁响应变化情况,验证注浆效果。待注浆后进行探测,然后通过对比分析注浆前后的探测成果,验证注浆效果。第二段测线主要是探测工作面切眼向停采线方向500 m范围内,工作面内外侧底板含水情况。根据工作面回风巷和工作面运输巷视电阻率等值线图,对测线断面图进行横向分析,共解释出10处相对低阻异常区,具体位置及范围见图5-20～图5-23所示。

通过上述分析,得出以下探测成果:工作面回风巷在通尺1 640～1 700 m、1 940～1 980 m范围内,工作面内探测方向存在相对低阻异常区,判断为相对富水性较强区域,划为相对富水异常区。工作面运输巷在通尺1 650～1 700 m、1 770～1 830 m、2 010～2 050 m范围内,工作面内探测方向存在相对低阻异常区,判断为相对富水性较强区域,划为相对富水异常区。

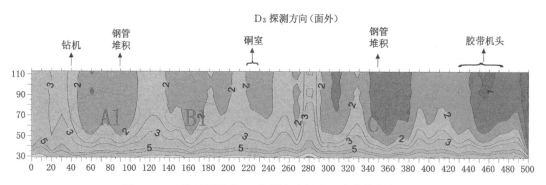

图 5-20 工作面回风巷 D_3 探测方向视电阻率等值线断面图

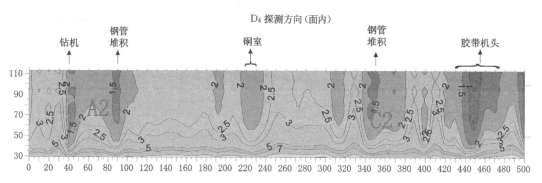

图 5-21 工作面回风巷 D_4 探测方向视电阻率等值线断面图

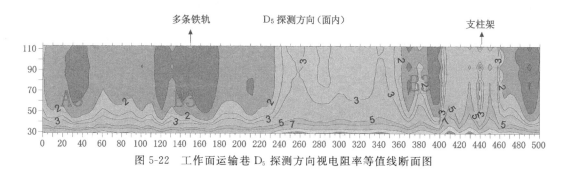

图 5-22 工作面运输巷 D_5 探测方向视电阻率等值线断面图

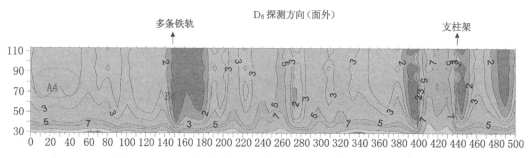

图 5-23 工作面运输巷 D_6 探测方向视电阻率等值线断面图

5.1.5　巷道侧向无线电波坑道透视

5.1.5.1　基本原理

无线电波坑道透视是用来探测顺煤层两煤巷、两钻孔或煤巷与钻孔之间的各种地质构造异常体。发射机与接收机分别位于不同巷道或钻孔中,同时做等距离移动,逐点发射和接收,或发射机在一定时间内相对固定位置,接收机在一定范围内逐点观测其场强值。

交替成层的含煤地层是非均匀介质,电磁波在含煤地层中传播可分解为垂直层理方向和平行层理方向。在垂直层理方向是非均匀介质,在同一煤层一定范围内平行层理方向上可近似认为是均匀的。电磁波透视是在顺煤层的两巷道或两钻孔中进行。假设辐射源(天线轴)中点 O 为原点,在近似均匀、各向同性煤层中,观测点 P 到 O 点的距离为 r,P 点的电磁波场强度 H_P 由下式表示:

$$H_P = H_0 \frac{e^{-\beta r}}{r} f(\theta) \tag{5-1}$$

式中　H_0——在一定的发射功率下,天线周围煤层的初始场强,A/m。

β——煤层对电磁波的吸收系数;

r——P 点到 O 点的直线距离,m;

$f(\theta)$——方向性因子,θ 是偶极子轴与观测点方向的夹角,一般采用 $f(\theta) = \sin(\theta)$ 来计算。

在辐射条件不随时间变化时,H_0 是一常数,吸收系数 β 是影响场强幅值的主要参数,它的值越大,场强变化就越大。吸收系数与电磁波频率和煤层的电阻率等电性参数有直接关系:在同一均匀煤层中,频率越高吸收系数就越大,电磁波穿透煤层距离就近;煤层电阻率越低,吸收系数也越大。

煤层中断裂构造的界面、构造引起的煤层破碎带、煤层破坏软分层带以及富含水低电阻率带等都能对电磁波产生折射、反射和吸收,造成电磁波能量的损耗。如果发射源发射的电磁波穿越煤层途径中,存在断层、陷落柱、富含水带、顶板垮塌和富集水的采空区、煤层产状变化带、煤层厚度变化和煤层破坏软分层带等地质异常体时,接收到的电磁波能量就会明显减弱,这就会形成透视阴影(异常区)。矿井电磁波透视技术,就是根据电磁波在煤层中的传播特性而研制的一种收、发电磁波的仪器和资料处理系统。

坑透仪的观测方法分为同步法和定点法。同步法(一对一):发射机与接收机同时逐点移动,并在各测点分别发射和接收场强值;定点法(一对多):发射机相对固定,接收机在一定范围内逐点观测其场强值。由于发射机不便频繁移动,通常多采用定点法观测,如图 5-24 所示。

5.1.5.2　井下探测工作

(1) 探测仪器和探测频率

本次探测工作采用的设备为 WKT-E 型无线电波坑道透视仪,是目前矿井物探仪器中比较成熟的一种物探设备。

赵固二矿 1105 工作面宽度约为 180 m,经井下探测频率实验,选用穿透距离相对较大而精度较高的 0.5 MHz 频率。

(2) 探测方法

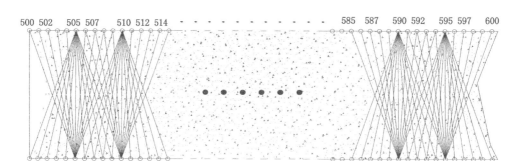

图 5-24　无线电波坑道透视布置示意图

探测方法采用分辨率较高的定点扫描法进行探测。定点法就是发射机相对固定,接收机在另一对应巷道一定范围内逐点接收其场强值的一种工作方法。

布置测点是本次探测的首要工作,测点布置前须对工作面有一定了解,如工件面的位置和平面形状、掘进中揭露的构造、煤层厚薄变化、瓦斯和含水等情况。测点的布置根据工作面具体情况来定,本次探测选用 1105 工作面中间一段进行细致探测,设置测点间距为 10 m,发射点间距为 50 m,每一个发射点对应多个接收测量点。

1105 工作面所探测距离为 600 m,共布置 122 个测点,22 个发射点。其中,1105 工作面上巷测点编号为 0~60 号,1105 工作面下巷测点编号为 500~560 号。

5.1.5.3　探测结果分析

（1）电磁波探测数据分析与评价

本次探测仪器工作稳定,接收数据较稳定,接收数据较完整,对工作面局部存在金属体干扰但不影响观测结果的数据进行了保留。从综合曲线图上可以看出,大部分曲线完整,说明本次探测数据采集合格。

（2）1105 工作面探测成果

从本次探测工作可以看出,无线电波透视对 1105 采煤工作面的异常区域有较好的反映,为不漏掉异常,经过计算机数据处理,把场强衰减异常取为 −10 dB,圈定三处较为集中的异常区,分别编号为一~三号异常区,上部边界为 1105 工作面上巷,下部边界为 1105 工作面下巷。探测的异常区可能是煤层变化区域或构造(薄煤带、断层等)密集发育区域。在整个异常带中,一号异常区域是场强衰减值最大、范围最广且最集中的异常区域。

一号异常区:位于 1105 工作面上巷测点 10~20(实际距离 850~950 m),1105 工作面下巷 510~520(实际距离 900~1 000 m)之间,该异常区相对周围煤层来看是衰减最大、数据偏小、异常最集中、范围最广的区域,场强衰减最大达到 −20 dB。结合地质资料分析,推断为薄煤层带或断层破碎带。另外,以此向两边范围均有衰减,可能为异常区的渐变所致。

二号异常区:位于 1105 工作面上巷测点 25~30(实际距离 1 000~1 050 m),1105 工作面下巷 525(实际距离 1 050 m 附近)之间,该异常区相对其他异常区来看是场强衰减相对较大的一个区域,场强衰减最大达到 −10 dB。结合地质资料分析,推断该异常为该处小断层引起的数据衰减。

三号异常区:位于 1105 工作面上巷测点 50~55(实际距离 1 250~1 300 m),1105 工作面下巷 550~555(实际距离 1 300~1 350 m)之间,该异常区相对其他异常区来看是场强衰减相对较大的一个区域,场强衰减最大达到-10 dB。结合地质资料分析,推断该异常为该处小断层引起的数据衰减。

上述三个异常区,最主要的为一号异常区,范围大、场强衰减幅度大、区域较集中,建议矿方打钻验证,同时做好安全防范工作;其余两个异常区相对较小,场强衰减幅度较小,也不排除受到煤层变化引起的数据变化。

5.2 巷道底鼓突水的综合防治技术

通过前面的理论研究成果,制定了注浆加固破碎,支护抵制底鼓,通过抵制底鼓减少突水数量、降低突水水量的防治水技术思路。

5.2.1 构造破碎带"三维"立体加固技术

以往对断层注浆只是对断层带注浆加固,为平面加固。由于赵固二矿构造突水可能性大,危险大,水压高,含水层多,因此研究并实施了构造破碎带三维立体加固技术,以断层破碎带为中心,在 360°范围内不同深度(断层附近底板破碎带及 L_9、L_8 和 L_2 灰岩)进行注浆。构造破碎带三维立体加固是赵固二矿为了防止构造突水而特别研究的技术,为工作面安全开采提供了保障。

5.2.1.1 基本情况

1105 工作面运输巷在通尺 1 080~1 090 m 之间揭露了 F_{115} 断层,该断层走向为 125°,倾向为 215°,倾角为 65°,落差为 1.2 m。因在煤巷中掘进,隔水层薄,水压高,为防止 1105 工作面运输巷发生滞后突水,须探清该断层富水情况及对该断层进行注浆加固,特在下内11 号钻场内进行 F_{115} 断层加固工程。

巷道在受到断层的切割后,巷道围岩被破坏,底板隔水能力大幅度降低,预计该断层含水层富水性较强。该处仅有 F_{115} 断层,在 1105 工作面运输巷通尺 1 080 m 处揭露,该断层走向为 125°,倾向为 215°,倾角为 65°,落差为 1.2 m。太原组上部灰岩含水层由 L_9 灰岩和 L_8 灰岩组成,太原组下部灰岩含水层由 L_2 灰岩、L_3 灰岩组成。

L_8 灰岩含水层水位标高约为+13.4 m,奥陶系灰岩岩溶裂隙含水层水位标高约为+62.91 m;1105 工作面运输巷 L_8 灰岩含水层水压为 6.86 MPa,O_2 灰岩含水层水压为7.06 MPa。

5.2.1.2 钻孔的布置及参数

(1)钻孔的布置

在 1105 工作面运输巷 1 100 m 处上帮 11 号钻场内进行施工,共布置 6 个孔,分别为 F_{115} 断层 1#、2#、3#、4#、5#、6#。钻孔终孔深度控制在 L_8 灰岩底板下垂距 55 m,钻进过程中,如果有水就进行注浆改造,如果无水则封孔。如以上钻孔不能满足要求,可根据钻孔揭露的水文地质资料适当增加钻孔。钻孔布置如图 5-25、图 5-26 所示。

(2)钻孔参数及要求

为保证固管效果,防止固管后周围出现渗漏现象,下二级套管前必须对孔壁进行预注浆,以封闭钻孔周围岩层裂隙,保证固管质量。因 L_8 灰岩水水压高,为防止 L_8 灰岩水串入钻

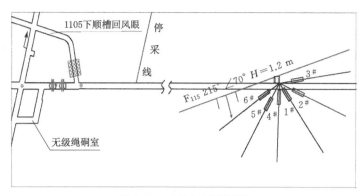

图 5-25　立体加固平面图

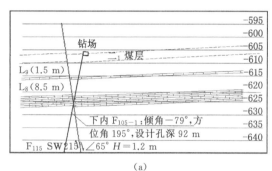

(a)

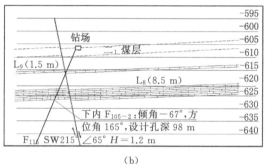

(b)

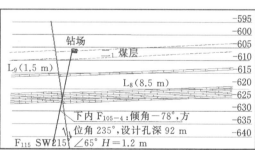

(c)

(d)

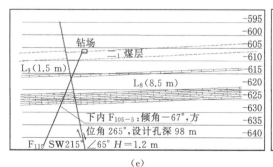

(e)

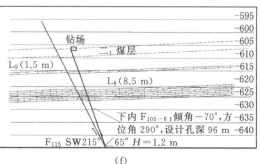

(f)

图 5-26　立体加固剖面图

(a) 1# 钻孔；(b) 2# 钻孔；(c) 3# 钻孔；(d) 4# 钻孔；(e) 5# 钻孔；(f) 6# 钻孔

孔周围岩层裂隙中,在钻孔揭露 L_8 灰岩前,钻进施工过程中如有钻孔出水现象,必须执行见水即注方针,浆液先稀后稠,注浆终压为 15 MPa,彻底封闭钻孔围岩裂隙。注浆时须严格控制浆液配比和注浆压力、进浆量和注浆连续性,保证注浆效果。钻孔参数如表 5-2 所示。

表 5-2 钻孔参数表

孔号	预计孔深 /m	终孔深度要求	开孔方位角 /(°)	开孔倾角 /(°)	一级套管	二级套管	备 注
F_{115} 断层 1#	92	进入 L_2 灰岩斜距 10 m	195	−79	10	$\phi108$ mm, L_9 灰岩底板下垂距 7 m	探水、注浆孔
F_{115} 断层 2#	98	进入 L_2 灰岩斜距 10 m	165	−67	11	$\phi108$ mm, L_9 灰岩底板下垂距 7 m	探水、注浆孔
F_{115} 断层 3#	96	进入 L_2 灰岩斜距 10 m	140	−69	11	$\phi108$ mm, L_9 灰岩底板下垂距 7 m	探水、注浆孔
F_{115} 断层 4#	92	进入 L_2 灰岩斜距 10 m	235	−78	10	$\phi108$ mm, L_9 灰岩底板下垂距 7 m	探水、注浆孔
F_{115} 断层 5#	98	进入 L_2 灰岩斜距 10 m	265	−67	11	$\phi108$ mm, L_9 灰岩底板下垂距 7 m	探水、注浆孔
F_{115} 断层 6#	96	进入 L_2 灰岩斜距 10 m	290	−70	11	$\phi108$ mm, L_9 灰岩底板下垂距 7 m	探水、注浆孔

（3）钻孔结构及要求

注浆孔要下二级套管,一级套管直径为 146 mm,管底口下至二₁煤层底板垂距 7 m,二级套管直径为 108 mm,下至 L_9 灰岩底板垂距 7 m。一、二级套管要进行注浆固管和做耐压试验,一级套管的试验压力应不低于 10 MPa,二级套管的试验压力应不低于 15 MPa,终孔孔径为 $\phi75$ mm,孔深打至 L_2 灰岩斜距 10 m。各级套管必须联合使用,防止注浆时发生脱管、爆管现象。各级套管固管均遵循单液水泥浆先稀后稠,扫孔后必须用清水进行耐压试验,试验压力达到要求为合格,否则重新固管、试压,直至达到要求。

（4）技术要求

为防止 L_8 灰岩水串入 L_8 灰岩顶板钻孔周围砂岩裂隙中,钻孔揭露 L_8 灰岩前,钻进施工过程中如有钻孔出水现象,必须见水即注,以封闭钻孔周围裂隙;坚决杜绝有水仍然钻进的施工方式。

根据本次钻探设计要求,各级套管都要加上高压阀门后再进行耐压试验;一级套管耐压试验压力不小于 10 MPa,二级套管耐压试验压力不小于 15 MPa,均要求达到设计压力并稳定 30 min,孔口周围不漏水、套管不活动为合格,否则需重新注浆固管,直至耐压试验合格。

5.2.1.3　钻孔注浆结束标准

设计注浆压力为 15 MPa,井下注浆压力达到设计要求,泵量改为 58 L/min,并稳压 10 min 以上,可结束注浆。水泥凝固 24 h 后,重新透孔至孔底,若孔内水量小于 1 m³/h,则视为该孔合格,注浆封孔。水泥凝固 24 h 后,重新透孔至孔底,若孔内水量大于 1 m³/h,继

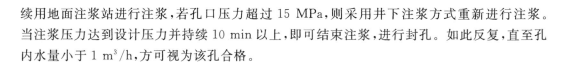

续用地面注浆站进行注浆,若孔口压力超过 15 MPa,则采用井下注浆方式重新进行注浆。当注浆压力达到设计压力并持续 10 min 以上,即可结束注浆,进行封孔。如此反复,直至孔内水量小于 1 m³/h,方可视为该孔合格。

5.2.2 巷道支护抵制底鼓技术

前面研究巷道宽度是底鼓的关键影响因素,然而由于赵固二矿采用综合机械化高产高效开采,又必须设计和采用宽巷道,为此研究了多种支护抵制底鼓技术。

5.2.2.1 巷道二次高预应力支护技术

高应力大断面破碎围岩煤巷两次主动支护原理,就是在巷道开挖后先临时支护,然后一次支护,最后适时进行高预应力二次主动支护,以补偿巷道顶底板由于急速变形而损失的部分能量,使巷道顶底板在一定程度上恢复整体性,提高巷道围岩的整体抗围压能力,实现巷道围压稳定,满足巷道安全生产的要求。二次主动支护后允许巷道围岩发生一定的变形量,从而避免巷道围岩因局部应力高度集中而造成巷道分区破坏失稳现象的发生。

1) 临时支护

掘进工作面采用前探梁作为临时支护。前探梁采用三寸钢管加工制作,长 4.5 m,共使用 4 根。钢管按锚杆间排距均匀悬吊于巷道顶板锚杆上,每根前探梁用 3 个悬吊点(吊环用 ϕ108 mm 的铁管制作,宽度为 80 mm,配 ϕ20 mm 的螺帽周圈双层焊接),吊环拧紧在已打设安装完毕的锚杆上,并用长×宽×厚=1 200 mm×(150~200)mm×(50~100)mm 的木板和木楔将前探梁与顶板之间背紧。截割后要及时前移前探梁至迎头,然后用木板、木楔将前探梁背紧,再打锚杆,割一排锚一排,循环进尺 0.8 m。移前探梁时,施工人员要分工明确,协调配合,服从指挥,防止操作过程中前探梁及吊环脱落伤人。前探梁要背紧,在前探梁支护的掩护下打设锚杆、挂网等工作。前探梁距离迎头不大于 0.2 m,截割前迎头最大空顶距不大于 0.3 m,截割后迎头最大空顶距不大于 1.1 m。

2) 一次支护

① 支护方式:锚网(索)+W 形钢带+钢筋梯+槽钢梁联合支护。支护断面如图 5-27 所示。

② 锚杆规格:ϕ20 mm×2 400 mm;顶部、帮部锚杆间排距分别为 800 mm×800 mm、700 mm×800 mm,顶部、帮部锚杆锚固长度分别为 1 200 mm、900 mm(K2360、Z2360 锚固剂各一卷),锚杆托盘帮部为 W 形钢带、δ10 mm×150 mm×150 mm 托盘配合使用,顶部为 δ10 mm×150 mm×150 mm 托盘与钢筋梯配合使用,钢筋梯长度为 4 160 mm,间排距为 800 mm,锚杆、钢筋梯均打在网片接茬处。

③ 槽钢梁锚索规格:ϕ17.8 mm×8 250 mm,间排距为:1 300 mm×1 600 mm,锚固长度为 2 400 mm(K2360、Z2360 锚固剂各两卷),托盘规格为 4 500 mm 长的 16# 槽钢与 δ12 mm×120 mm×120 mm、δ12 mm×80 mm×80 mm 钢板和 δ50 mm×120 mm×120 mm 木垫板配合使用,槽钢梁不准截割,锚索预应力不低于 30 MPa。

④ 点锚锚索规格:ϕ17.8 mm×8 250 mm,间排距为 1 600 mm×1 600 mm,锚固长度为 2 400 mm(K2360、Z2360 锚固剂各两卷),托盘采用 δ12 mm×400 mm×400 mm、δ12 mm×200 mm×200 mm 钢板和 δ50 mm×200 mm×200 mm 木垫板配合使用,锚索预应力不低于 30 MPa。

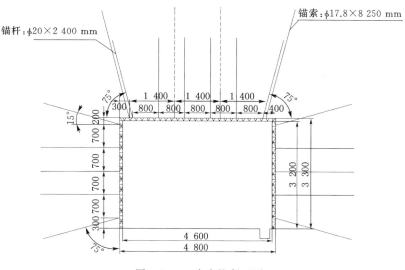

图 5-27 一次支护断面图

⑤ 金属网片使用 $\phi 5.6$ mm 钢筋焊接,网幅为 900 mm×1 700 mm,网片搭接 100 mm,每格用 14$^\#$ 铅丝绑扎。

⑥ 顶板破碎时,增加点锚索补强支护,点锚索与锚索梁间隔布置。

3)二次高预应力支护

(1)支护形式

巷道二次支护采用Ⅲ柱形预应力金属支架主动支护,如图 5-28 所示。顶梁采用 DFB4000/300 的两根Ⅱ型梁对焊。高预应力支柱选择 DW35 型恒阻式单体液压支柱,支柱给予顶板的初撑力为 150 kN。单体液压支柱铁鞋选择直径 500 mm 的圆形铁盘制作。支架底梁选用两根 4 000 mm 长 12$^\#$ 工字钢,并列放置,用 U 形卡固定。

图 5-28 Ⅲ柱形预应力金属支架图

(2)单体液压支柱连锁防倒装置

工作面单体液压支柱防倒普遍采用防倒链、尼龙绳捆扎柱头,操作麻烦,紧固性差,安全系数小,支柱一旦歪倒,容易发生伤人事故,起不到有效的防倒效果,无法满足矿井安全生产的需要。针对这种情况,赵固二矿研发了一种单体液压支柱连锁防倒装置,连锁紧固有效、方便、快捷,可以使单体液压支柱形成一个整体,单个或局部单体柱失效时不会倒下,不至于对人员及设备造成伤害,杜绝安全事故的发生。

(3) Ⅲ柱形预应力金属支架安装工艺

根据巷道围岩条件、掘进速度和现场围岩变形情况,Ⅲ柱形预应力金属支架滞后于巷道掘进机二运后 10 m 安装(图 5-29)。

由前述可知,支架将巷道断面分为两部分,底板被分为两个梁的结构,相当于减少了梁长,可有效降低底鼓量。

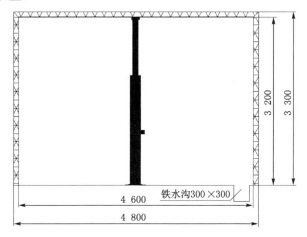

图 5-29 巷道二次支护断面图

5.2.2.2 巷道底板加强支护

底鼓与底板的强度即梁的抗弯刚度成反比。针对赵固二矿高应力破碎围岩强度低的特点,确定裂隙岩体巷道用封闭式型钢支架,以提供较大的支护阻力,保证巷道的稳定。根据现场观测,采用工钢封闭支架并加上围岩注浆支护技术,仍不能有效控制围岩的变形,因此采用底拱封底。底拱封底增加了两帮的支撑力,减少了巷道两帮的移进和变形。实际施工中,一般采用双层工字钢加工的底拱,其抗压强度成倍增加。Ⅰ盘区胶带运输大巷(东段),巷道净宽 4 600 mm,净高 3 400 mm,支护形式为锚网(索)喷+12#工钢棚+喷浆联合支护,巷道断面如图 5-30 所示。

5.2.3 巷道底板采前注浆加固技术

为防治工作面开采期间受采动影响巷道出现突水,在进行工作面底板注浆加固时,对巷道底板也布置钻孔进行底板加固。

5.2.3.1 理论计算巷道两侧破坏范围

采用塑性力学理论计算。设煤层塑性区的宽度为 L,底板最大破坏深度为 D_{max}(图 5-31),则 L 和 D_{max} 可根据下式求得:

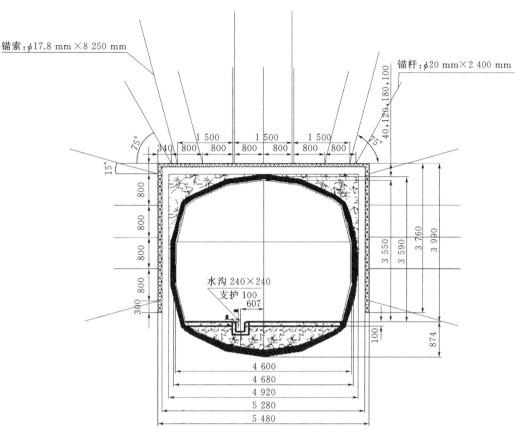

图 5-30 胶带大巷支护剖面图

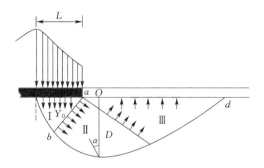

图 5-31 支承压力形成的底板破坏深度

$$\begin{cases} L = \dfrac{m}{2K\tan\varphi}\ln\dfrac{n\gamma H + C_m\cot\varphi}{KC_m\cot\varphi} \\[4mm] D_{\max} = \dfrac{L\cos\varphi_0}{2\cos\left(\dfrac{\pi}{4}+\dfrac{\varphi_0}{2}\right)}\mathrm{e}^{\left(\frac{\pi}{4}+\frac{\varphi_0}{2}\right)\tan\varphi_0} \end{cases} \tag{5-2}$$

式中　n——最大应力集中系数，取 1.6；

　　　m——煤层开采厚度，m；

H——开采深度,取 710 m;

γ——岩体的重度,取 $9.8 \times 2\,600 \times 10^{-3}$ kN/m³;

C_m——黏聚力,取 1.05 MPa;

φ——内摩擦角,取 28°;

$K = \dfrac{1 + \sin \varphi}{1 - \sin \varphi} = 2.77$;

φ_0——底板岩体权重平均内摩擦角,取 37°。

当采高为 3.6 m 时,计算结果为:

$$L = \frac{m}{2K \tan \varphi} \ln \frac{n\gamma H + C_m \cot \varphi}{K C_m \cot \varphi} = 10.51 \text{（m）}$$

$$D_{\max} = \frac{L \cos \varphi_0}{2\cos\left(\dfrac{\pi}{4} + \dfrac{\varphi_0}{2}\right)} e^{\left(\frac{\pi}{4} + \frac{\varphi_0}{2}\right)\tan \varphi_0} = \frac{10.51 \times \cos 37°}{2\cos\left(\dfrac{\pi}{4} + \dfrac{37}{2} \times \dfrac{\pi}{180}\right)} e^{\left(\frac{\pi}{4} + \frac{37}{2} \times \frac{\pi}{180}\right) \times \tan 37°} = 21.91 \text{（m）}$$

5.2.3.2 实际加固范围

11011 工作面巷道底板加固深度为 70 m,向巷道外围扩展 20 m。钻孔布置方式如图 5-32 所示。

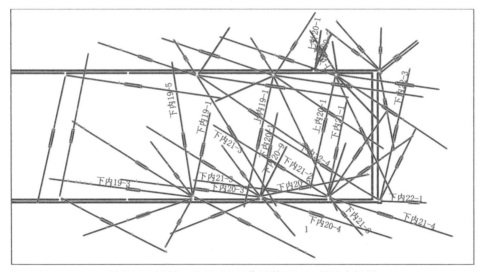

图 5-32 赵固二矿 11011 工作面前 300 m 钻进布置图

① 钻场布置在回风巷和胶带巷的两侧,同一帮相邻钻场相距 100 m。钻场要求长 5 m,宽 5 m,高 3.5 m。

② 采面内每个钻场布置四个注浆钻孔,另外增加 20% 的钻孔作为注浆效果检验孔。

③ 钻孔方向尽可能与断裂构造发育方向垂直或斜交,使钻孔尽可能地多穿过裂隙,提高注浆效果。

④ 以斜孔为主,使钻孔揭露含水层段尽量长。上巷和下巷内侧的注浆钻孔要相互重叠,不留盲区。

⑤ 对裂隙发育带、断层破碎带、富水区域、隔水层变薄区域及巷道底鼓段要重点布孔,必要时可增加钻孔数量。

6 突水机理与突水力学模型

基于孔隙裂隙弹性理论和物探等成果提出注浆降低岩体裂隙类型,而采动影响提升岩体裂隙类型的概念,并且形成"垂直、小范围"的导水通道,进而基于孔隙裂隙弹性理论建立了注浆加固工作面突水的结构力学模型。通过对焦作矿区注浆加固工作面突水事故的分析,表明突水一般发生在初次来压和周期来压期间,突水大多数发生在断层破碎带和富水区。

6.1 注浆工作面出水事故及原因分析

6.1.1 注浆工作面突水实例

6.1.1.1 赵固一矿 11111 工作面突水情况分析

(1) 11111 工作面概况

11111 工作面位于赵固一矿的东翼,东面为未采的 11131 工作面,西为已回采结束的 11091 工作面,南邻 DF_{37} 断层,北为东翼回风大巷。工作面顶板标高为 $-443\sim-488$ m,二$_1$ 煤层平均厚度为 6.2 m,煤层结构简单。工作面主要充水水源为底板 L_8 灰岩水,L_8 灰岩平均厚度为 8.7 m,局部岩溶发育,富水性较强,上距煤层底板平均为 26 m,实测水压最高为 4.7 MPa,突水系数为 0.18 MPa/m。

(2) 工作面底板加固改造工程情况

工作面底板注浆加固钻孔布孔依据:① 浆液扩散半径按 $25\sim30$ m 考虑;② 钻孔设计深度(垂直煤层)为 60 m;③ 工作面外围改造范围在 30 m 以上;④ 底板注浆加固钻孔尽量与主裂隙方向正交或斜交;⑤ 断层带考虑平面和立体布孔,要在垂直方向上加大加固深度,防止断层深部导水;⑥ 检查孔应布置在断层破碎带、水量大而注浆量小的钻孔附近;⑦ 当检查孔涌水量小于 10 m³/h 时,表明注浆工程合格。

11111 工作面共有 24 个钻场(胶带巷 12 个,轨道巷 12 个),共施工底板钻孔 110 个,进尺 16 136 m,钻孔总涌水量为 949.8 m³/h。共注浆液 42 896.5 m³,折合水泥 4 354 t,黏土 9 403 t,干料合计 13 757 t,平均 60 m³/h 涌水注入干料 869 t,注浆终压达到 13 MPa。注浆改造效果经评价为合格。

(3) 工作面突水情况

2012 年 4 月 15 日上午 10 时,11111 工作面轨道巷与回撤通道交叉口东帮巷道在极短时间内突然底鼓,随即发生突水,初时涌水水量约为 30 m³/h。紧接着在工作面 123 架和 124 架中间的架前发生突水,水量大约为 45 m³/h,且比较清澈;以后工作面涌水量增大,稳定水量在 200 m^3/h 左右。

靠近突水点附近,前期底板改造施工钻孔水量均很小(两个钻场共 8 个孔,总涌水量为 12 m^3/h),而且钻孔覆盖密度符合设计要求。

工作面突水后,采用 2 个钻孔对涌水点底板进行堵水。其中,$1^\#$ 堵水钻孔无水,注浆量仅为 27 t;$2^\#$ 堵水孔在 L_8 灰以下 10 m 处(6006 孔为 7.10 m 厚的砂岩),出水量为 36 m^3/h,注浆量为 280 t。注浆后工作面涌水量明显减小至 100 m^3/h 左右,表明钻孔打到了导水通道范围。

6.1.1.2 赵固一矿 12041 工作面突水情况分析

(1) 12041 工作面概况

12041 工作面为井田西翼,北邻未开采的 12021 工作面和工业广场保护煤柱,东为西二回风巷,西为 DF_{68} 断层煤柱,南为 DF_{72} 断层煤柱。工作面顶板标高为 $-576 \sim -620$ m,二$_1$ 煤层平均厚度为 6.2 m,煤层结构简单,局部含有夹矸及发育炭质泥岩伪顶。初采段顶板基岩厚度在 $110 \sim 120$ m 之间。主要充水水源为底板 L_8 灰岩水,底板 L_8 灰岩平均厚度为 9 m,局部岩溶发育,富水性较强,上距煤层底板平均为 28.7 m,水压实测最高为 4.5 MPa,突水系数为 0.157 MPa/m。

二$_1$ 煤底板岩层中泥岩总厚为 18.6 m,占 13.2%;砂质泥岩总厚为 36.4 m,占 26.0%;石灰岩总厚为 46.21 m,占 33.0%;砂岩总厚为 38.95 m,占 27.8%。表明井田西翼较东翼底板砂岩和灰岩厚度大,并且比例较高。

(2) 底板注浆加固改造工程情况

考虑到工作面采深增大,加固改造钻孔深度增大 5 m,达到 65 m。

12041 工作面共有 30 个钻场(胶带巷 14 个,轨道巷 14 个,切眼 2 个),设计底板注浆改造钻孔 104 个,工程量约为 15 600 m。截至目前,12041 工作面实际已施工底板注浆钻孔 192 个,进尺 25 249 m,钻孔总涌水量为 2 081.6 m^3/h,共注浆液 63 736.9 m^3,折合水泥 1 570 t,黏土 14 772 t,干料合计 163 42 t,平均 60 m^3/h 涌水注入干料 471 t。注浆终压达到 13 MPa,工作面初采 500 m 范围已经按照设计和变更设计进行了底板注浆改造且注浆效果经过评价为合格。

(3) 工作面突水情况

2012 年 4 月 2 日 14 时,12041 工作面回采至 62 m,工作面初次来压,矿压显现强烈,支架压力均在 40 MPa 左右,泄压阀均开启卸压。工作面内发生连续响声,14:32 工作面出水量达到 40 m^3/h 左右,水清澈透明,无味,无压力,之后水量持续增大,到 17:30 分水量增大到 280 m^3/h 左右,水颜色、味道和压力与最初无变化。从 4 月 2 日工作面水量达到最大值至今水量无明显变化,根据观测突水点位置应该位于工作面运输巷距切眼 $40 \sim 60$ m 位置。

工作面突水后,采取了底板堵水工程,至 2012 年 6 月 12 日施工,共施工 6 个钻孔,其中 $1^\#$、$2^\#$、$3^\#$ 和 $6^\#$ 钻孔在 L_8 灰或 L_2 灰位置,无水或小水,无法注浆。$4^\#$ 钻孔分别突水 25 m^3/h 和 160 m^3/h,但是注浆量较小,为 140 t。$5^\#$ 钻孔在 L_2 灰层位出水 200 m^3/h,钻孔注浆 32 023 t 后,工作面涌水量明显减小。

6.1.1.3 古汉山矿 13091 工作面突水情况分析

(1) 工作面概况

13091 工作面位于一三采区东翼下部,上为 13071 工作面未采区,下为 -450 m 大巷保护煤柱,东为 15 未采区,西至一三采区上山保护煤柱。工作面标高为 $-456 \sim -427$ m,走向长 415 m,倾斜宽 113 m,煤层倾角为 $11° \sim 14°$,平均为 $13°$。煤层结构简单,靠煤层下部为软煤,厚 $0.2 \sim 0.5$ m,其上全为硬煤。开切眼靠近断层处煤层变薄,煤厚 $3.0 \sim 6.1$ m,平均为 5.5 m。13091 工作面煤层顶板为砂质泥岩,厚 1.8 m,基本顶为细砂岩,厚 7.8 m,直接底为炭质泥岩,厚 1.0 m。该工作面地质构造较为简单,在上风道通尺 50 m 处揭露 F_{9101} 断层,走向为 $25°$,倾向为 $115°$,倾角为 $45°$,落差 $H = 1.0$ m。开切眼在通尺 28 m 处揭露 F_{9102} 断层,断层走向为 $50°$,倾向为 $320°$,倾角为 $20° \sim 50°$,落差 $H = 1.7 \sim 6$ m,该断层向工作面内延伸,但断层落差逐渐减小至尖灭,对工作面回采略有影响。

(2)工作面底板加固改造工程情况

设计注浆加固半径 30 m,实际为 $20 \sim 25$ m,煤层底板加固改造深度为 60 m。2010 年 1 月 5 日至 2011 年 10 月,在 13091 工作面共施工 88 个钻孔,报废 14 个,完成总进尺 6 843.6 m;施工检验孔 3 个,进尺 163 m。累计 91 个钻孔,总进尺为 7 006.6 m;注黏土 4 156.84 t,注水泥 8 149.6 t,合计注干料 18 569.85 t。

(3)工作面突水情况

工作面于 2010 年 10 月开始回采,11 月 25 日回采长度为 49 m 时,工作面切眼内发生底板突水,突水点位于下风道向上 20 m 处,水量为 30 m³/h,随着工作面的推进,水量略微增加。至 12 月 1 日回采长度为 61 m 时,突水点水量增加到 60 m³/h,12 月 3 日突水量为 1.3 m³/min,12 月 4 日突水量为 2.0 m³/min,稳定水量为 108 m³/h。突水点位置仍位于下风道向上 20 m 处。

6.1.1.4 古汉山矿 13051 及 15071 工作面突水情况分析

13051 工作面位于古汉山矿一三采区东翼上部,下为 13071 工作面未采区,上为断层防水煤柱,东为一五未采区,西至一三采区上山保护煤柱。工作面设计注浆加固半径为 30 m,实际为 $20 \sim 25$ m,加固至煤层底板深度 60 m。2009 年 7 月 14 日至 2010 年 4 月 22 日对 13051 工作面底板 L_8 灰岩含水层实施了注浆改造工程,2011 年 5 月重新对 13051 工作面进行了注浆加固。工作面 2009 年 12 月 15 日回采,2010 年 1 月 3 日凌晨 4 时(工作面推进 40 m)时,在下风道及上部断层带附近突水,突水初始水量约为 54 m³/h,其中下风道突水量为 30 m³/h,上部断层带突水量为 24 m³/h,以后随着工作面向外推进,出水点逐渐向上位移至断层带位置。1 月 24 日在上风道上帮(工作面推进 72 m)出水,出水量为 48 m³/h;随着工作面的推进,水量逐步增加,最后工作面突水量稳定在 444 m³/h,出水位置基本稳定在上风道断层带。

突水后,对前期底板改造情况、工作面突水时的现场观测资料进行了综合分析、讨论,认为 13051 工作面突水水源为深层灰岩水。主要原因是:① 出水点为断层带导水,由于断层影响底板裂隙发育,多个注浆钻孔涌水量大,表明富水性较强,垂向连通较好;② 工作面初次来压、矿压显现剧烈,底板破坏深度大;③ 采用单侧钻窝钻进,工作面外侧没有加固;④ 出水的开切眼区域为电法探测的裂隙发育不充水的高阻异常区(大于 200 Ω·m),而不是常规的充水低阻异常。

15071 工作面位于古汉山矿一五采区东翼下部,上为 15051 工作面未采区,下为 -450 m 大巷保护煤柱,东为 15 采区边界,西至 15 采区上山保护煤柱。工作面设计注浆加固半径为 30 m,实际为 $20 \sim 25$ m,加固至煤层底板深度 60 m。2010 年 10 月 12 日开始对

15071 工作面底板 L_8 灰岩含水层实施注浆改造工程。工作面 2010 年 11 月 1 日回采,2011 年 7 月 5 日 16 点班(工作面推进 468 m)时,在工作面切眼向上 78 m 附近发生突水,初始水量为 15 m³/h,稳定时为 18 m³/h;2011 年 7 月 8 日 8 点班(推进 474 m)时,在工作面切眼向上 47 m 附近发生突水,初始水量为 30 m³/h,最大时为 294 m³/h,稳定时为 288 m³/h。因突水造成工作面停采,回采总长度为 474 m。

经分析,突水原因是:① 受断层影响,岩体破碎、裂隙发育,为断层破碎带底鼓出水;② 断层未立体加固,只加固 L_8 灰岩段,导致局部断层带导水性较好;③ 出水点为低阻异常区。

6.1.1.5 九里山矿 14101 工作面突水情况分析

(1) 工作面简介

14101 工作面位于九里山矿 14 采区西翼下部,走向长 560 m,倾斜宽 110 m,标高为 -136.8~-182 m,煤层平均厚度为 5.61 m,倾角为 12°~14°。工作面地质条件简单,在送巷掘进过程中没有发现断层、褶曲等地质构造,仅在进行巷道素描观测时发现局部裂隙较发育。工作面回采煤层为二₁煤,煤层走向为 N35°E,倾角为 11°~13°。煤层直接顶为灰黑色粉砂岩,平均厚度为 2.0 m,基本顶为中粒砂岩,平均厚度为 15 m;煤层底板为灰黑色粉砂岩,富含云母碎片及植物化石。

14 采区水文地质条件极为复杂,所开采二₁煤的直接充水含水层为 L_8 灰岩,厚度为 6.9~12 m,平均厚度为 8.0 m,水位较高(测 3 孔显示该地区 L_8 灰岩水位为 +58.7 m),富水性较强,补给充沛;隔水层厚度为 21 m。14101 工作面 L_8 灰岩含水层水压为 2.0 MPa,平均厚度为 8.0 m。14101 工作面隔水层平均厚度为 21 m,稳定,其岩性大部分为灰黑色粉砂岩,中间夹一层 0.5 m 左右的 L_9 灰岩。

(2) 工作面底板注浆加固工程

该工作面底板注浆加固,于 2004 年 9 月 1 日开始施工,2005 年 2 月 22 日施工结束。实际共完成注浆孔 41 个,钻孔累计进尺 3 788.48 m,注入水泥 1 005.05 t,黏土 1 418.7 t,合计 2 423.75 t。

在 14101 工作面运输巷每隔 50 m 施工一个钻场,共 11 个钻场,每个钻场施工一、二序次基本注浆孔 3 个,其中在 11 号钻场施工 6 个注浆孔;扩散半径按 15~25 m 设计;注浆钻孔布置对工作面而言一般分上部孔、中部孔、下部孔进行立体加固。共设计 36 个钻孔,钻探进尺 2 700 m。

一般采用全孔一次连续注浆,个别孔"跑浆""串孔"时采用间歇式注浆。共施工 41 个钻孔,用于注浆的 38 个,其中 3 个被串封。共注水泥 1 005.05 t,黏土 1 418.7 t,合计 2 423.75 t,其中最大单孔注浆量 862.75 t,最小单孔注浆量 1.25 t。

(3) 第一次突水工作面突水及治理情况

2005 年 11 月 11 日 4 时,工作面上安全口发生底板出水,水量为 12 m³/h,11 月 12 日水量增至 180 m³/h,11 月 12 日 14 时水量稳定至 150 m³/h。11 月 19 日水量增至 312 m³/h,后稳定至 270 m³/h。11 月 27 日 4 时水量增至 480 m³/h,11 月 28 日 6 时水量增至 762 m³/h。12 月 11 日 14 时水量增至 1 404 m³/h,12 月 12 日 8 时水量增至 2 520 m³/h,最后稳定至 2 400 m³/h,工作面停止回采。

(4) 14101 工作面第二次突水

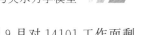

经过对 14101 工作面进行地面注浆堵水加固施工后,于 2007 年 9 月对 14101 工作面剩余区域进行回采。2007 年 9 月 19 日,14101 工作面在回采过程中再次发生突水,最大水量为 1 800 m³/h,最后稳定在 1 200 m³/h,工作面再次停止回采。

6.1.1.6 演马庄矿 2206 工作面突水情况分析

（1）工作面概况

2206 工作面位于二二采区西翼,东邻二二采区三条下山,西邻韩王矿,南部为 22081 工作面,北部为 2204 工作面采空区。工作面标高为 -125～-150 m,平均走向长 390 m,倾斜宽 90 m,煤厚 5.57 m,煤层倾角为 10°,可采储量为 28.5 万 t,工作面构造不发育。基本顶大占砂岩富水性较强,回采时顶板淋水;底板 L_8 灰岩裂隙发育,平均厚度为 8.13 m,距二$_1$煤 21.06 m,L_8 灰岩水位在 ±0 m 左右。

（2）底板加固工程情况

工作面底板注浆改造工程于 2006 年 7 月开始施工,2008 年 1 月结束,钻孔孔深至 L_8 灰岩底板 5～6 m。共施工注浆孔 19 个,检验孔 4 个,总进尺 1 735.17 m,注黏土水泥浆 10 455 m³,约合干料 2 613.75 t,单孔涌水量最大为 42 m³/h。在注浆过程中,除 7-3 钻孔出现跑浆外,其他钻孔均未发生底鼓、串浆等现象。检验孔分别为 3-4、3-5、4-4、6-4 孔,除 6-4 检验孔出水量为 4.8 m³/h 外,其余检验孔出水量均小于 0.6 m³/h,工作面底板注浆均达到设计要求,注浆量和涌水量之比符合设计要求。注浆后重新对工作面进行了电法勘探,结果显示,与注浆前相比,注浆效果良好,工作面无突水危险。

（3）工作面突水情况

22061 工作面回采至上风道 39.4 m、下风道 42.0 m 时,发生底板突水,突水位置在工作面运输巷巷头处（下风道处）,涌水量在 1 140 m³/h 左右。

22062 工作面回采至上风道 241.0 m、下风道 250.0 m 时,发生底鼓突水,涌水量在 360.0 m³/h左右,但工作面总涌水量变化不大。突水位置在工作面回风巷巷尾处。该工作面突水应是深部岩溶水。

6.1.2 工作面突水原因分析

通过对焦作矿区注浆改造工作面典型突水事故的分析,认为导致工作面突水的原因主要有:断层及其伴生裂隙带是工作面突水的主要原因,工作面突水事故基本都位于断层带或接近较大断层。在断层破碎带,由于高承压水压力的作用,易发生掘进和工作面突水事故。有 6 起工作面突水事故是由于工作面位于断层带或接近较大断层,断层直接或间接影响了出水。

6.1.2.1 采动影响因素

（1）采动影响

从突水情况可看出,4 次事故是工作面处于初次来压期间,另外赵固一矿 11111 工作面突水时,工作面周期来压显明。工作面来压期间,底板破坏深度增加,因此易出水。由突水事故发生的位置可以看出,突水一般发生在风道和工作面交接的不远处,该位置为采动底板破坏深度最大的区域。

（2）采动影响实例计算

赵固一矿 11011 工作面,煤层平均厚度为 6.14 m,开采 3.5 m,沿顶板开采,采深为

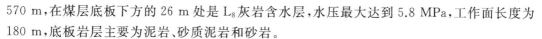

570 m，在煤层底板下方的 26 m 处是 L$_8$ 灰岩含水层，水压最大达到 5.8 MPa，工作面长度为 180 m，底板岩层主要为泥岩、砂质泥岩和砂岩。

① 基本顶来压时底板的最大破坏深度

赵固一矿底板岩层平均抗压强度 $\sigma_c = 25.3$ MPa，将数据带入基本顶来压期间底板的最大破坏深度计算公式，得出底板最大破坏深度：

$$h_{\max} = \frac{1.57\gamma^2 H^2 L_x}{4\sigma_c^2} = \frac{1.57 \times 9.8^2 \times 2\,600^2 \times 570^2 \times 180}{2 \times 25.3^2 \times 10^{12}} = 23.16\,(\mathrm{m})$$

此时，底板最大破坏深度距离工作面的端部距离：

$$L_{\max} = \frac{0.42\gamma^2 H^1 L_x}{4\sigma_c^2} = \frac{0.42 \times 9.8^2 \times 2\,600^2 \times 570^2 \times 180}{4 \times 25.3^2 \times 10^{12}} = 6.2\,(\mathrm{m})$$

通过计算可以得出，在基本顶来压阶段，工作面长度为 180 m 时，底板的最大破坏深度在 23.16 m 左右，其最大破坏深度位置距离工作面端部 6.2 m。

② 正常回采阶段底板的破坏深度

根据岩石物理试验结果，对力学参数进行折减，得出需要的参数：煤的内摩擦角 $\varphi = 28°$，$n = 1.6$，黏聚力 $C_m = 1.05$ MPa，采厚 $m = 3.5$ m，代入煤层塑性区宽度计算公式：

$$L = \frac{m}{2K\tan\varphi}\ln\frac{n\gamma H + C_m\cot\varphi}{KC_m\cot\varphi}$$

$$= \frac{3.5}{2 \times 2.77 \times 0.53}\ln\frac{1.6 \times 9.8 \times 2\,600 \times 570 \times 10^{-3} + 1.05 \times 1.89}{2.77 \times 1.05 \times 1.89} = 9.95\,(\mathrm{m})$$

将 L 和 $\varphi_0 = 37°$ 代入底板最大破坏深度计算公式：

$$D_{\max} = \frac{L \cdot \cos\varphi_0}{2\cos\left(\frac{\pi}{2} + \frac{\varphi_0}{2}\right)}e^{\left(\frac{\pi}{4} + \frac{\varphi_0}{2}\right)\tan\varphi_0} = \frac{9.95 \times \cos 37°}{2\cos\left(\frac{\pi}{4} + \frac{37}{2} \times \frac{\pi}{180}\right)}e^{\left(\frac{\pi}{4} + \frac{37}{2} \times \frac{\pi}{180}\right) \times \tan 37°} = 20.75\,(\mathrm{m})$$

底板最大破坏深度距工作面端部的距离：

$$l = \frac{L\sin\varphi_0}{2\cos\left(\frac{\pi}{4} + \frac{\varphi_0}{2}\right)}e^{\left(\frac{\pi}{2} + \frac{\varphi_0}{2}\right)\tan\varphi_0} = 20.75 \times \tan\varphi_0 = 15.64\,(\mathrm{m})$$

通过计算可以得出，在正常开采阶段，工作面长度为 180 m 时，底板的最大破坏深度在 20.75 m 左右，其最大破坏深度位置距离工作面端部 15.64 m。

以上计算表明，工作面来压期间底板破坏深度增加 11.6%。

6.1.2.2 对高阻异常区防治的疏漏

赵固一矿 11111 和 12041 工作面及九里山 14101 工作面的出水点均表现为电法探测的高阻异常区。当岩体裂隙发育并且充水时表现为低阻异常，但岩体裂隙发育而没有充水时则表现为高阻异常。物探人员对焦作矿区高阻异常区的突水可能以往尚未认清，通常采用电法和电磁法预测突水危险区，主要是探测低视电阻率（简称"低阻"）的富水区，划出异常区，导致电法解释突水点的准确率下降。

6.1.2.3 加固改造技术不足

（1）加固工程参数偏小

2010 年之前的出水事故，底板注浆加固改造技术不完善是一个重要原因，主要表现在：加固深度偏小，一般为 L$_8$ 灰或 L$_8$ 灰下 10 m；工作面外侧没有加固，工作面外侧的底板移动和破坏易出水;钻孔间距局部较大,钻孔间距达到 60 m。例如,古汉山矿 13051 工作面采用单侧钻窝钻进,工作面外侧没有加固。2010 年以后,赵固一矿和赵固二矿进行了改进。

（2）加固工程效果的检测不到位

2010 年之前没有对注浆工程前后底板的富水性进行系统检测,因此难以掌握加固工程效果;也没有对底板破坏深度进行探测,未能指导加固工程。例如,古汉山矿 13091 工作面底板注浆加固改造后,开切眼 40～87 m 为低阻异常区,为易出水区域,表明注浆加固工程不完善。

6.1.2.4 对突水机理的研究不足

焦作矿区水文地质条件极复杂,目前对突水机理、征兆和条件尚有待深入研究和认识。

首先对初次来压、断层带等突水危险区域的底板破坏深度及演变过程的观测及研究不足,不能充分认识导水通道的形成与发展的动态过程。

部分工作面突水是由于"独立、垂直裂隙区"造成的,故应加强探测和研究裂隙区的状态以及注浆、采动影响后其隔水性的变化。

对底板岩性结构以及对阻隔水性的影响研究不足。

在注浆工艺及注浆材料对底板加固效果的影响方面研究不够。

6.2 底板注浆加固工作面突水机理研究

6.2.1 工作面底板富水性分布及注浆加固效果分析

为了更好地研究注浆工程对工作面底板加固的作用,并且更直观地反映底板破坏带、富水性和注浆加固的关系,对焦煤集团发生突水事故的底板注浆工作面进行了富水性划分、注浆影响范围分析、底板剪切破坏带影响区范围研究等。

6.2.1.1 工作面底板富水性的划分

根据各底板注浆钻孔的出水量,对工作面底板富水性分 3 类:富水区（钻孔涌水量 >10 m³/h）、中等富水区（5 m³/h $<$ 钻孔涌水量 <10 m³/h）和低富水区（钻孔涌水量 <5 m³/h）。分别用深阴影区域、浅阴影区域表示富水区和中等富水区,剩余部分则为低富水区,圆圈区域为突水点位置。

（1）划分的原则

① 先画工作面的富水区,影响半径为 15 m,即钻孔出水点附近 15 m 内均划为富水区;再画中等富水区,影响半径 10 m,剩余部分为低富水区。

② 工作面外部出水点距工作面的距离,富水区小于 15 m、中等富水区为小于 10 m 时,认为该出水点影响工作面富水性。

③ 当工作面同一走向上同时出现大于 10 m³/h、小于 10 m³/h 及小于 5 m³/h 的出水点中的两种或三种时,按较大值进行划分。

对工作面富水性的划分,有助于我们直观地分析判断工作面推进方向上各个位置的富水情况,从而更好地研究富水性与工作面突水的关系。

6.2.1.2 工作面富水区的特征

① 赵固一矿 11111 工作面底板富水情况如图 6-1 所示。距开切眼 0～50 m、90～

175 m、420～480 m、530～595 m 等 4 个区域为富水区,占工作面总面积的 26.7％;距开切眼 70～90 m、190～270 m、300～370 m、510～530 m、665～685 m 等 5 个区域为中等富水区,占工作面总面积的 29.4％;剩余部分为低富水区。

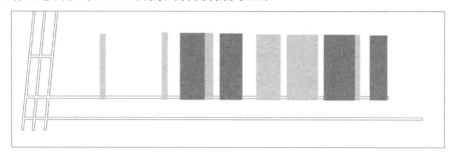

图 6-1　赵固一矿 11111 工作面底板富水区域划分示意图

该工作面突水发生轨道巷与回撤通道交叉口东帮巷道,此处属于低富水区。该区域不充水裂隙发育,对该区域注浆加固未达到封闭不充水裂隙的效果。

② 赵固一矿 12041 工作面底板富水情况如图 6-2 所示,距开切眼 25～210 m、310～340 m、465～495 m 等 3 个区域为富水区,占工作面总面积的 35.7％;距开切眼 0～25 m、210～265 m、340～380 m 等 3 个区域为中等富水区,占工作面总面积的 17.8％;剩余部分为低富水区。工作面突水点位于富水区,接近 DF$_{68}$ 断层($H=12$ m,∠50°～60°)。受断层影响,底板裂隙发育。

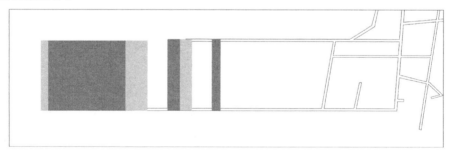

图 6-2　赵固一矿 12041 工作面底板富水区域划分示意图

③ 古汉山矿 13051 工作面底板富水情况如图 6-3 所示,距开切眼 10～130 m、150～190 m、230～260 m、315～365 m、420～490 m、510～540 m 等 6 个区域为富水区,占工作面总面积的 58.6％;距开切眼 290～315 m、540～575 m 等 2 个区域为中等富水区,占工作面总面积的 9.1％;剩余部分为低富水区。该工作面发生两次突水,第一次突水发生在工作面推进 40 m 时的下风道及上部断层带附近;第二次突水发生在工作面推进 72 m 时的上风道上帮。两处均属于富水区。

④ 古汉山矿 13091 工作面底板富水情况如图 6-4 所示,距开切眼 15～140 m、240～365 m 等 2 个区域为富水区,占工作面总面积的 64％;开切眼前后各 15 m 及距开切眼 140～220 m 等区域为中等富水区,占工作面总面积的 27.4％;剩余部分为低富水区。开切眼范围 100 m 有断层(F$_{9102}$,$H=6$～8 m,∠20°),导致岩体裂隙发育,工作面于回采长度为

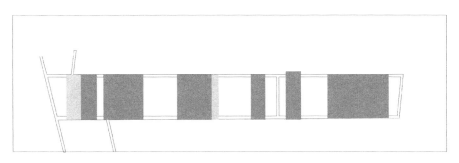

图 6-3 古汉山矿 13051 工作面底板富水区域划分示意图

49 m 时,工作面切眼内发生底板突水,突水点位于下风道向上 20 m 处,水量为 30 m³/h;回采长度为 61 m 时,突水点水量增加到 60 m³/h,稳定水量 108 m³/h。突水点位置仍位于下风道向上 20 m 处。两个突水点一个位于富水区,一个位于中等富水区。

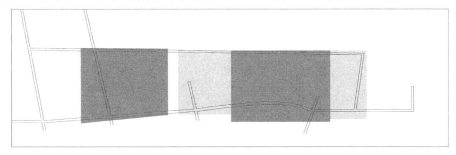

图 6-4 古汉山矿 13091 工作面底板富水区域划分示意图

⑤ 古汉山矿 15071 工作面底板富水情况如图 6-5 所示,距开切眼 15～145 m、160～235 m、285～315 m、340～445 m、465～755 m、770～805 m、835～1 005 m、1 030～1 090 m 等 8 个区域为富水区,占工作面总面积的 84.3%;距开切眼 315～340 m、805～835 m 等 2 个区域为中等富水区,占工作面总面积的 4.9%;剩余部分为低富水区。工作面推进 468 m 时,在工作面切眼向上 78 m 附近发生突水,突水点位于富水区。

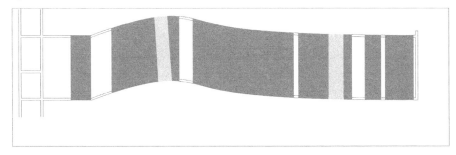

图 6-5 古汉山 15071 工作面底板富水区域划分示意图

⑥ 九里山矿 14101 工作面底板富水情况如图 6-6 所示,距开切眼 360～600 m 区域为富水区,占工作面总面积的 43%;距开切眼 205～225 m 区域为中等富水区,占工作面总面积的 4.7%;剩余部分为低富水区。工作面推进 416 m 时,工作面上风道安全口发生第一次

突水;第二次突水发生在工作面回采 528 m 时。两处均属于富水区。

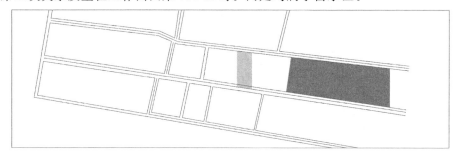

图 6-6　九里山矿 14101 工作面底板富水区域划分示意图

⑦ 演马山矿 2206 工作面底板富水情况如图 6-7 所示,距开切眼 10～65 m、205～280 m、320～375 m 等 3 个区域为富水区,占工作面总面积的 48.9%;剩余部分为低富水区。22061 工作面回采至上风道 39.4 m,下风道 42.0 m 时,发生底板突水,突水位置在工作面运输巷巷头处(下风道处),属于富水区。22062 工作面回采至上风道 241.0 m,下风道 250.0 m 时,发生底鼓突水,位置在工作面回风巷巷尾处,在低富水区。

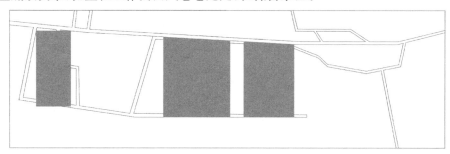

图 6-7　演马山矿 2206 工作面底板富水区域划分示意图

⑧ 演马山矿 2207 工作面底板富水情况如图 6-8 所示,距开切眼 15～45 m、100～190 m、270～335 m 等 3 个区域为富水区,占工作面总面积的 62.9%;距开切眼 45～100 m 为中等富水区,占工作面总面积的 18.5%;剩余部分为低富水区。在工作面回风巷施工底板注浆改造孔回 4 孔时,F_{94} 断层附近巷帮渗水,发生底鼓,底鼓段长度约 70 m,造成注浆无法进行。突水位置处于裂隙密集、两组或两组以上断层交汇处、次级褶曲的轴部,造成小断层

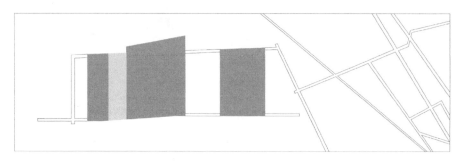

图 6-8　演马山矿 2207 工作面底板富水区域划分示意图

F_{94}($H=1.0$ m，$\angle 50°$)深部水导通。底鼓位于富水区。

6.2.1.3 各矿工作面突水危险性

① 富水区比例。富水区和中等富水性的比例按大小排列：古汉山矿为 67.7% ～ 91.4%，演马山矿为 48.9% ～ 81.4%，赵固一矿为 56.1% ～ 53.5%，九里山矿为 47.7%。

② 富水区排序。按富水区排序，为古汉山矿、演马山矿、九里山矿和赵固一矿。

6.2.2 突水点影响因素

8 个发生突水事故的底板注浆改造工作面，各突水因素汇总如表 6-1 所示。

表 6-1　突水点位置与开采条件的关系

工作面名称	突水点与富水区关系	富水区占工作面面积的比例	注浆区是否覆盖突水点	突水点与矿压的关系	突水点附近是否有断层
赵固一 11111	低富水区	53.5% ～ 56.1%	局部覆盖	周期来压	否
赵固一 12041	富水区		覆盖	初次来压	是
古汉山 13051	两个富水区	67.7% ～ 91.4%	覆盖	—	是
古汉山 13091	富水区,中等富水区		局部覆盖	初次来压	是
古汉山 15071	富水区		覆盖	—	是
九里山 14101	2 个富水区	47.7%	覆盖	—	否
演马庄 2206	富水区,低富水区	48.9% ～ 81.4%	覆盖	初次来压	是
演马庄 22071	富水区		覆盖	初次来压	是

由突水点位置与富水区域的分布情况可知，12 个突水点中有 9 个位于富水区，1 个位于中等富水区，2 个位于低富水区，说明大部分工作面突水还是发生在富水区。这部分区域岩体裂隙发育且充水，在采用电法和电磁法测量时表现为低视电阻率的低阻异常区；但也有一部分的突水点位于低富水区，这部分突水区域岩体裂隙发育但未充水，在采用电法和电磁法测量时表现为高视电阻率的高阻异常区，认为这与底板的岩层结构、性质及采动因素有关。

注浆效果分析：2 个突水点注浆加固区域并未完全覆盖破坏带，在采动影响下，可能导通形成突水。通过突水点与注浆加固扩散区域的关系可以看出，在平面区域内几乎所有突水点都已经被注浆区域覆盖，但仍然发生了突水，可能与注浆加固工程量不足、技术不成熟、断层活化和采动的影响有关。

矿压分析：4 次突水发生在基本顶初次来压期间，均位于断层附近，且均在富水区域。这说明工作面底板突水，不是由单一原因造成的，而是受富水性、断层带、基本顶来压等多个因素的影响。当三个因素共同存在时，工作面突水的可能性最大。根据已有资料，焦作矿区基本顶初次来压距开切眼距离为 40～60 m，因此要对基本顶初次来压位置附近有断层影响的工作面进行特殊处理。

富水性分析：所有工作面均有富水区，并且古汉山矿和演马庄矿有的工作面富水区占工作面面积的比例大，突水危险性较高。

6.3 注浆加固工作面"孔隙裂隙升降型"突水力学模型

6.3.1 岩层突水的孔隙裂隙弹性理论模型

6.3.1.1 技术思路

裂隙型底板突水，是指承压水沿煤层底板岩体中相互贯通、连接的裂隙进入工作面，突水过程实质是渗流-应力耦合作用不断强化的过程。煤层开采扰动引起底板岩体内应力场变化，底板岩体上部原有裂隙发生扩展、贯通，同时还产生新裂隙。裂隙间的交错贯通，造成了底板岩体破坏，透水性增强，形成底板导水破坏带。底板中距开采煤层较近的承压含水层的渗透压力和矿山压力共同作用，使裂隙加速发展，破坏深度进一步增加。底板岩体下部原始围岩应力场平衡状态被打破，原始导高带中的裂隙由于垂向压应力的变化而使裂隙尖端应力强度因子增大，外加上承压水渗透压力的作用，应力强度因子进一步增大，直至达到裂纹初裂强度，裂隙起裂扩展。承压水也将沿着延展的裂隙逐渐导升，直至达到新的平衡状态。

矿山压力与水渗透压力作用造成了底板岩体的变形和破坏，岩体的变形和破坏又反过来影响承压水的渗流状态。如此相互作用，相互影响，直到形成某种平衡。采动产生的周期性应力变化不断打破这种平衡，使其向新的状态发展，结果造成隔水层下部岩体内的裂隙不断向上扩展、延伸，含水层的承压水渗流场不断上移。当隔水层上、下部裂隙贯通时，渗流场快速上移到采掘工作面，承压水渗流出来。随裂隙水对裂隙通道的冲刷、扩径、挤入、破坏，通道不断扩大，渗流速度加快，渗流水量不断增大，从而形成突水。

注浆加固工作面底板出水经历三个过程：第一过程，底板岩体原始裂隙，分为连通裂隙与非连通裂隙；第二过程，注浆加固难以改变岩石强度，主要是充填裂隙；第三过程，采动影响，难以改变岩石强度，主要是原有裂隙的扩张及连通，也产生新裂隙。未注浆工作面主要是没有原生裂隙充填的过程。

6.3.1.2 孔隙裂隙弹性理论

孔隙裂隙弹性理论是研究流体或热流体在裂缝性非均质多孔介质中流动的基本理论，尤其是双重孔隙介质流固耦合研究，在石油工程、地下水工程和地下热工程中得到了应用。

参照该理论对双重孔隙介质的划分，按照底板岩体的破碎程度和裂隙连通性，将岩层大致分为三种，分别为完整岩体、裂隙岩体和破碎岩体。为了研究岩层的阻隔水性能，借鉴孔隙裂隙弹性理论，对底板岩层的几种形态进行了概化。

（1）Ⅰ型隔水岩层

若底板岩层完整，主要是连通性差的节理、裂隙，则基本符合单一孔隙体模式，如图 6-9 所示。将该种类型定义为Ⅰ型岩层，例如完整的泥岩类。

该模型近似为孔隙介质，宏观上属于均匀介质，认为具有同一渗透率、同一类型孔隙连续分布的介质，即具有单孔隙率/单渗透率的介质。当岩层渗透率很低或为零时，该岩层为隔水或相对隔水层。

考虑有效应力影响及孔隙压力的一般应力-应变关系可表示为：

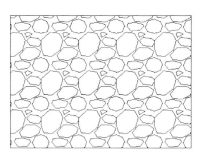

图 6-9　高孔隙率单一渗透率岩层

$$\varepsilon_{ij} = \frac{1+v}{E}\sigma_{ij} - \frac{v}{E}\sigma_{kk}\delta_{ij} - \frac{\alpha}{3H}p\delta_{ij} \tag{6-1}$$

固体变形控制方程为：

$$Gu_{i,jj} + (\lambda + Gu_{k,ki}) + \partial p = 0 \tag{6-2}$$

流体控制方程为：

$$-\frac{u}{k}p_{kk} = \phi\varepsilon_{kk} - c^{*}p \tag{6-3}$$

（2）Ⅱ型裂隙岩层

若岩层中存在裂隙，但不贯通，符合非贯通孔隙-裂隙模式（图 6-10），将该种突水类型称为Ⅱ型裂隙岩层，例如灰岩、砂岩层、粉砂岩层或断层影响的泥岩层。

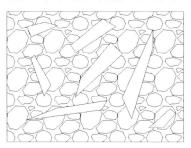

图 6-10　孔隙——孤立裂隙岩层

非贯通裂隙的型式通常认为由于裂隙的存在而把岩体介质分成岩隙（裂隙体）和岩基（孔隙体），其中裂隙体中的裂隙称为次生孔隙，其孔隙率（裂隙度）称为次生孔隙率；而孔隙体是由裂隙分割成的小岩块，其孔隙称为原生孔隙，孔隙率称为原生孔隙率。裂隙介质的双孔隙率概念，认为在裂隙中的流体和在岩基中的流体是相互独立（有各自独立的控制方程）而又相互更迭的（由公用函数联系在一起）介质。与通常的双孔隙率介质不同，流体流动主要是通过高渗透性的裂隙流动。非渗通性的裂隙系统等效成具有不同孔隙率的单渗通介质。这种双孔隙渗透率模型可模拟具有低渗透率及高存储率的岩层。

该模型的固体变形控制方程可表示如下：

$$Gu_{i,jj} + (\lambda + G)u_{k,ki} + \sum_{m=1}^{2} a_{m}p_{m,i} = 0 \tag{6-4}$$

式中,$m=1$ 和 2,分别代表岩基和岩隙。

相应的流体相控制方程为:

$$-\frac{\mu}{k}p_{m,kk}=\partial_m\varepsilon_{kk}-c^*p_m\pm\Gamma(\Delta p) \tag{6-5}$$

式中,k 是等效单渗透率值,或总体系统的平均渗透率;Γ 是表征因压差 Δp 引起的裂隙流体和孔隙流体交换强度的流体交换速率;其前面的正号表示从孔隙中流出,负号表示流入孔隙中。

（3）Ⅲ型导水岩层

该种类型是在Ⅱ型导水裂隙岩层型的基础上得到进一步发育,形成贯通裂隙,如图 6-11 所示。例如,灰岩层、有断层影响的砂岩层。

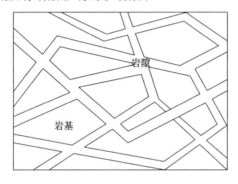

图 6-11　孔隙——贯通裂隙岩层

该模型的特点是裂隙和孔隙具有各自不同的孔隙率和不同的渗透率,介质是由具有高孔隙率/低渗透性的孔隙体和具有低孔隙率/高渗透性的裂隙体组成。

该模型的固体相控制方程与非贯通裂隙模型方程形式相同,流体相控制方程为:

$$-\frac{k_m}{\mu}p_{m,kk}=\partial_m\varepsilon_{kk}-c^*p_m\pm\Gamma(\Delta p) \tag{6-6}$$

式中,K_m 为 m 相的渗透率。

该模型为双孔隙率/双渗透率模型,适合于具有低渗透性孔隙的含裂隙地层。

（4）Ⅳ型导、储水岩层

若底板岩层比较破碎(如断层等构造),表现为既有主裂隙通道,又有次生裂隙通道,出水概率很高,将该种类型定义为Ⅳ型导、储水岩层(图 6-12)。例如,岩体裂隙型灰岩含水层。

该模型亦为三孔模型,指主裂隙系统切割为成组的低渗透裂隙系统,这些微裂隙系统可以看作是孔隙体的一部分。

对于三孔隙低渗透率系统,岩基孔隙与非渗透性裂隙是相互交织的,它们与张开裂缝之间发生流体交换,如图 6-12 所示。

固体相的控制方程为:

$$Gu_{i,jj}+(\lambda+G)u_{k,ki}+\sum_{m=1}^{3}a_mp_{m,i}=0 \tag{6-7}$$

式中,$m=1$、2 和 3,分别代表孔隙、裂隙和裂缝。

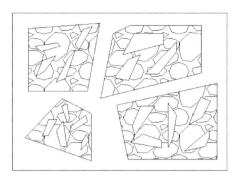

图 6-12 三孔模型

该模型流体相的对应方程为：

$$-\frac{k_1}{\mu}p'_{1,kk} = \partial_1\varepsilon_{kk} - c_1^* p_1 \pm \Gamma_{12}(p_2 - p_1) + \Gamma_{13}(p_3 - p_1) \tag{6-8}$$

$$-\frac{k_2}{\mu}p_{2,kk} = \partial_2\varepsilon_{kk} - c_2^* p_2 \pm \Gamma_{21}(p_1 - p_2) + \Gamma_{23}(p_3 - p_2) \tag{6-9}$$

$$-\frac{k_3}{\mu}p_{3,kk} = \partial_3\varepsilon_{kk} - c_3^* p_3 + \Gamma_{31}(p_1 - p_3) + \Gamma_{32}(p_2 - p_3) \tag{6-10}$$

式中，k_3 是裂缝渗透率；k_{13} 是岩基与裂隙的平均渗透率；Γ_{ij} 是 i 相与 j 相之间的流体交换率，并假设二相之间均存在由于压差引起的隙间流。

6.3.2 注浆加固降低岩层类型

注浆加固使得破碎岩体裂隙及岩溶被充填，岩体变得致密，裂隙的连通性随之下降，从而使岩层类型降低。如果注浆效果理想，无论是Ⅳ型岩体，还是Ⅲ型岩体，或是Ⅱ型岩体，都会变成Ⅰ型岩体。然而比较现实的情况是，注浆充填加固后，岩体类型只降低一级，Ⅳ型岩体注浆后降到Ⅲ型岩体，Ⅲ型岩体注浆后降到Ⅱ型岩体，Ⅱ型岩体注浆后降到Ⅰ型岩体，Ⅰ型岩体由于注浆困难不再降低。通过对工作面底板注浆前后的电法探测，可比较直观地认识降型过程。注浆前后岩体的视电阻率如图 6-13 所示。

图 6-13(a)中等值线值越小的区域表示底板岩层可能越破碎、裂隙发育或富水性相对较强。分析中以等值线值小于圈定的蓝色区域为富水异常区，应为Ⅳ型或Ⅲ型岩体。

根据胶带巷的探测结果可以看出，2010 年 8 月 23 日，注浆前底板在通尺胶带巷 1 800～1 820 m(A)、1 880～1 990 m(B)和 1 890～2 100 m(C)三区段内发现低阻异常，见图中阴影区域。其中，A 和 B 区段低阻异常面积较大，深度达到 L_8 灰岩以下，分析认为 A 和 B 区段 L_8 灰岩水富水性较强并且可能与深部含水层联系较强。C 区段低阻异常面积较小，深度在 L_8 灰岩附近，分析认为 C 区段和深部含水层水联系较弱。

2010 年 10 月 20 日注浆改造结束的直流电法勘探资料显示[图 6-13(b)]，原先 A、B 和 C 区段低阻富水异常全部显示为高阻，表明注浆效果较好，岩体为Ⅱ型或Ⅰ型岩体。

注浆前，在底板存在明显的富水区域；经过注浆，富水区域减少。注浆使得原本含水的裂隙区域变得致密，即从突水概率高转变为突水概率低，从Ⅳ、Ⅲ型岩体转变为Ⅲ、Ⅱ型。

注浆后，以前裂隙发育或者破碎的岩体变得致密，岩体的性质发生改变。在充填材料的

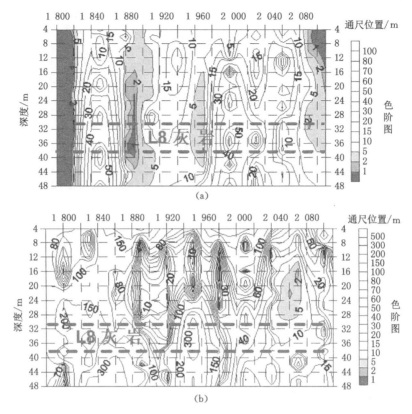

图 6-13　赵固二矿 11011 工作面胶带巷视电阻率断面图

(a) 注浆前；(b) 注浆后

胶结作用下，岩体性质得到很大改善。

注浆后的岩体加固体由岩石和充填材料组成，是一种复合材料。按照复合材料的弹性模量的"混合律"，则注浆加固体的弹性模量为：

$$E = E_0(I - D) + E_r D \cdot \eta \qquad (6-11)$$

式中，E 为注浆加固体的弹性模量；E_0 为基岩弹性模量；D 为空隙比矩阵，对于节理岩体 $D = \sum_{i=1}^{m} N_i a_i (\beta \otimes \beta)$；$E_r$ 为注浆材料固结体的弹性模量；η 为充填系数矩阵。

所以，注浆加固后，岩体变为 I 型时的固流耦合方程应该满足：

$$\begin{cases} Gu_{i,jj} + (\lambda + Gu_{k,ki}) + \partial p = 0 \\ -\dfrac{u}{k} p_{m,kk} = \phi \varepsilon_{kk} - c^* p \\ E = E_0(I - D) + E_r D \cdot \eta \end{cases} \qquad (6-12)$$

6.3.3　采动影响底板注浆岩体的突水结构力学模型

在矿山压力作用下，注浆后底板中的裂隙可能重新扩展并相互贯通；如果没有采动过程，注浆后工作面底板突水可能性低。采动影响是注浆后工作面底板出水的重要影响因素。由前节对比工作面突水点与底板注浆加固范围可见，多数情况突水点区域底板进行了较好的注浆,也表明采动影响是注浆加固工作面突水的主要影响因素。

6.3.3.1　采动后底板破坏形成的底板应力分布

通过数值模拟分析了采动影响下煤层底板的塑性破坏区和应力分布,如图 6-14~图 6-16 所示。

图 6-14　塑性破坏区云图

通过图 6-14 可以看出,随着开挖的进行,底板岩体先后经历了压剪破坏、拉剪破坏,然后又压剪破坏的循环过程,说明底板岩体在煤层回采过程中,先后经历采前压缩、采后卸压和压力恢复三个阶段,应力分布如图 6-15 和图 6-16 所示。其中,前两个阶段是底板破坏的主要阶段,即通常所讲的矿压破坏阶段。在此两个阶段,底板岩体的受力状态可简化为压剪和拉剪,破坏形式表现为滑移和扩张变形。

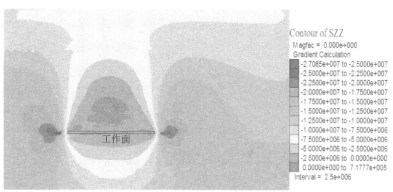

图 6-15　底板应力分布云图

底板不同区域的垂向应力 σ_1 为:

$$\sigma_1 = \begin{cases} \gamma H & \text{采前支承压力影响区外} \\ K\gamma H & \text{支承压力影响区} \\ 0 & \text{采空区} \end{cases} \tag{6-13}$$

式中,γ 为上覆岩层的重度;H 为开采深度;K 为应力集中系数。

底板不同区域的侧向应力 $\sigma_2 = \lambda\sigma_1$。

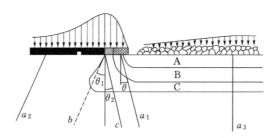

A—拉伸破裂区；B—层面滑移区；C—岩层剪切破裂区；

a_1、a_2、a_3—原岩应力等值线；b—高峰应力传播线；

c—剪切破坏线，θ—原岩应力传播角，$10°\sim20°$；θ_1—高峰应力传播角，

$20°\sim25°$；θ_2—剪切力传播角，$10°\sim15°$。

图 6-16　底板应力分布模型图

6.3.3.2　应力作用下的裂隙扩展

按照断裂力学理论，岩石中裂隙相互贯通方式有三种模式：岩桥张拉型破坏（图 6-17）、岩桥剪切型破坏（图 6-18）、岩桥拉剪复合型破坏。

（1）岩桥张拉型破坏

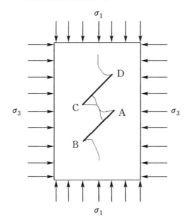

图 6-17　张拉型破坏

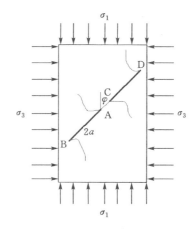

图 6-18　剪切型破坏

由断裂力学理论知，岩桥的贯通强度 σ_1 为：

$$\sigma_1 = \left\{ \frac{K_{1c} \cdot \sqrt{1+L} \cdot \sqrt{1+L^2+2L\cos\varphi}}{F \cdot \sqrt{\pi a} \cdot \left[0.4L\sin\varphi + \frac{1+L\cos\varphi}{\sqrt{1+L}} \right]} - \sigma_3 \left[\frac{12}{5\sqrt{3}} \left(\frac{C_t\sin 2\varphi}{2} + C_n f_s \cos^2\varphi \right) \right] \times \right.$$

$$\left. \left(1 - \frac{1}{6(1+L)^2} + 2.5L \right) \right\} \bigg/ \left[\frac{12}{5\sqrt{3}} \left(C_n f_s \sin 2\varphi - \frac{C_t}{2}\sin 2\varphi \right) \times \left(1 - \frac{1}{6(1+L)^2} \right) \right]$$

$$(6\text{-}14)$$

式中，$L = l/a$；a 为节理的半长；F 为裂纹间相互影响因子；φ 为裂纹与水平方向夹角；f_s 为岩石的摩擦系数；C_n、C_t 分别为传压、传剪系数。

（2）岩桥剪切型破坏

由断裂力学理论知，岩桥贯通强度 σ_1 为：

$$\sigma_1 = \frac{\sin 2\alpha + 2f_s \cos^2 \alpha}{2f_s \sin^2 \alpha - \sin 2\alpha}\sigma_3 - \frac{2C_r}{2f_s \sin^2 \alpha - \sin 2\alpha} \tag{6-15}$$

式中，α 为岩桥倾角；C_r 为岩石黏结力。

岩桥的拉剪复合破坏（图 6-19）是由于岩桥中部首先产生的张拉裂纹 EF 和原生裂纹 AB、CD 扩展出来的剪切裂纹 AF、CE 连通而引起的。

（3）岩桥拉剪复合型破坏

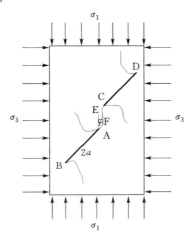

图 6-19　拉剪复合破坏

根据断裂力学理论得，岩桥的贯通强度 σ_1 为：

$$\sigma_1 = \frac{h_1\sigma_t(\sin \alpha + f_r \cos \alpha) - 4l \cdot C_r + B\sigma_3}{A} \tag{6-16}$$

$$A = -(4\alpha \sin \varphi + 4l \sin \alpha) \cdot (-f_r \sin \alpha + \cos \alpha) +$$
$$2\alpha C_t \sin 2\varphi \cdot [-f_r \sin(\alpha - \varphi) + \cos(\alpha - \varphi)] -$$
$$4\alpha \cdot C_n \sin 2\varphi \cdot [f_r \cos(\alpha - \varphi) + \sin(\alpha - \varphi)]$$

$$B = -(4\alpha \cos \varphi + 4l \cos \alpha) \cdot (\sin \alpha + f_r \cos \alpha) +$$
$$2\alpha C_t \sin 2\varphi \cdot [-f_r \sin(\alpha - \varphi) + \cos(\alpha - \varphi)] +$$
$$4\alpha \cdot C_n \cos^2 \varphi \cdot [f_r \cos(\alpha - \varphi) + \sin(\alpha - \varphi)]$$

式中，σ_t 为岩石的单轴抗拉强度；C_r 为岩石的黏结力；f_r 为岩石的摩擦系数。

从上面分析可以看出，当围岩应力达到岩桥的贯通强度时（$\sigma_z > \sigma_1$），岩体中的裂隙开始扩展贯通；本来加固改造为 Ⅰ、Ⅱ 型的岩体由于裂隙重新发育，向更高类型发展；受到应力的大小影响，局部可能重新发育为 Ⅲ、Ⅳ 型岩体，形成导水通道，造成工作面突水事故。由于是局部弱点率先剪切升型，因此导水通道表现为"垂直的、小范围的导水通道"特点。

所以，注浆后岩体裂隙贯通的条件为 $\sigma_z > \sigma_1$。

当应力条件满足时，裂隙开始发育，由 Ⅰ 型岩体发育为 Ⅱ 型、Ⅲ 型或者 Ⅳ 岩体。

若注浆后，底板岩体在采动影响下发育为 Ⅳ 型突水岩体，则应满足的固流耦合方程为：

$$\begin{cases} Gu_{i,jj} + (\lambda + G)u_{k,ki} + \sum_{m=1}^{3} a_m p_{m,i} = 0 \\[2mm] -\dfrac{k_1}{\mu} p_{1,kk} = \partial_1 \varepsilon_{kk} - c_1^* p_1 \pm \Gamma_{12}(p_2 - p_1) + \Gamma_{13}(p_3 - p_1) \\[2mm] -\dfrac{k_2}{\mu} p_{2,kk} = \partial_2 \varepsilon_{kk} - c_2^* p_2 \pm \Gamma_{21}(p_1 - p_2) + \Gamma_{23}(p_3 - p_2) \\[2mm] -\dfrac{k_3}{\mu} p_{3,kk} = \partial_3 \varepsilon_{kk} - c_3^* p_3 \pm \Gamma_{31}(p_1 - p_3) + \Gamma_{32}(p_2 - p_3) \end{cases} \tag{6-17}$$

7 注浆与开采对底板岩体力学性质的影响

现场探测了"原岩(包括断层带)-注浆-开采"全过程中底板不同岩性岩体的弹性模量,并结合岩块破裂与注浆效果的超声波探测室内试验,掌握了注浆增强及开采损伤对底板岩体弹性模量的影响规律。

7.1 岩体力学性质"注浆增强、开采损伤"规律现场实测分析

7.1.1 "一发双收"超声波测井原理

大量的理论分析和现场实践表明,岩石本身具有力、声、电、磁、热等物理性质,岩石内部的波速综合反映了岩石本身的各种物理力学性质。研究发现,岩石内部声波传播速度的影响因素有很多,内部因素主要有岩石本身的岩性、密度、孔隙率等,外部因素主要有岩石含水率、温度条件等。

岩体声波测试技术是研究纵波和横波在岩体内部的传播速度及规律,据此推断岩体相关的物理力学状态,为评价工程岩体质量提供基础。一般来说,岩体中由于裂隙和结构面的存在,并不能把岩体看作是理想的均匀介质。但从工程角度考虑,当超声波波长远小于所测量原岩体的空间尺寸时,可以将岩体视为连续的各向同性线弹性材料,于是有:

$$E_d = \frac{\rho V_s^2 (3V_p^2 - 4V_s^2)}{V_p^2 - V_s^2}; G_d = \rho V_s^2; \mu_d = \frac{V_p^2 - 2V_s^2}{2(V_p^2 - V_s^2)} \tag{7-1}$$

式中,E_d、G_d 分别为岩体动弹性模量及动剪切模量,GPa;V_p、V_s 分别为岩体内部纵波波速及横波波速,km/s;μ_d 为岩体动泊松比;ρ 为岩体密度,g/cm³。纵波波速反映岩体的拉压形变,横波波速反映岩体的剪切形变,纵横波速比表征岩体的完整程度。

对于大多数岩体而言,其内部纵波波速大于横波波速,且纵波波速更容易测量,也能更好地反映岩体的力学特性,因此测试岩体中的纵波波速更简单适用。

如图 7-1(a)所示,非金属超声波检测仪单孔"一发双收"探头包括一个发射换能器 T 和两个接收换能器 R₁、R₂,其中 T 至 R₁ 的距离 L 称为源距,R₁、R₂ 之间的距离 ΔL 称为间距。各换能器之间通过塑料软管连接,探头尾端通过电缆线与主机相连,线长根据测试需求不等。其工作原理是:将探头置于钻孔中心,通过主机激励发射换能器 T 辐射声波,满足入射角等于第一临界角的声线,在岩体中声波折射角等于90°,即声波沿孔壁滑行,然后折射回孔中,由接收换能器 R₁、R₂ 分别接收,通过接收声波在岩体中的传播时间差 Δt 来计算岩体内部声波的速度,从而求得岩体弹性力学参数。

$$\Delta t = t_2 - t_1; V_p = \Delta L / \Delta t \tag{7-2}$$

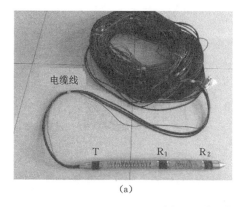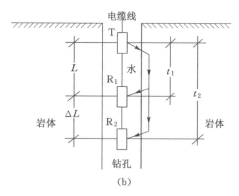

(a)　　　　　　　　　　　　　(b)

图 7-1　"一发双收"声波测井仪

(a)"一发双收"探头；(b)声波测井示意图

式中，t_1、t_2 分别为声波由 T 传播至 R_1、R_2 的时间，μs。

由图 7-1(b)可见，t_1、t_2 都包括声波在钻孔水溶液及岩体中的传播时间，通过 $t_2 - t_1$ 后，声波在水溶液中的传播时间便完全抵消，只保留了声波在 R_1、R_2 之间岩体中的传播时间，最大限度地消除了系统误差。然而，部分声线还会由 T 直接通过水溶液传播至 R_1、R_2，好在岩体中波速远高于水中的波速，因此只要源距 L 足够大，则声波由 T 通过岩体传播至 R_1 的时间 t_1 就远小于声波由 T 通过水溶液传播至 R_1 的时间 t_0，这样，单孔"一发双收"测试才可以实现。本文所用 ZBL-U520 型"单孔—发双收"探头源距 L 265 mm，间距 ΔL 165 mm，满足测试要求。根据声学理论，此方法所测为 R_1、R_2 之间岩体沿孔壁一个波长范围内的波速，因此对于上述换能器的要求是：径向轴向均无指向性，发射功率大，接收灵敏度高。

上述超声波法所测为岩体动弹性模量 E_d，根据转换公式 $E_j = 0.25 E_d^{1.3}$，可得岩体静弹性模量 E_j，此即一般概念上的弹性模量 E，被广泛用于各种力学模型及计算分析。为便于应用，下文均将超声波法所测动弹性模量 E_d 转化为弹性模量 E 表示，并与室内加载试验（即静态法）结果对比分析。

7.1.2　探头保护装置

传统桩基工程中，钻孔深度一般不大于 30 m，且钻孔垂直，孔壁光滑，探头可依靠自重下放至观测点，检测效果理想。煤矿中井下观测条件恶劣，钻孔倾斜，角度多变，钻孔斜长一般在 100 m 以上，且孔内往往充填有岩石碎屑，仅依靠探头和电缆线自重难以下放至观测点，检测效果并不理想。同时，探头在钻孔中承受较大抗力，易发生弯折、扭转变形，导致测试精度较差甚至损坏探头。针对以上实际问题，研发了一种用于斜孔探测的超声波探头保护装置，不仅能极大程度地保护探头、节约成本，而且能保证观测数据的准确性及精度。

探头保护装置主体结构如图 7-2 所示，主要包括两部分：换能器保护壳；螺纹活接头。保护壳是一个焊接件，两侧为两条 $\phi 10$ mm × 650 mm、级别为 HRB400 的钢筋，钢筋通过卡箍固定，卡箍厚度为 5 mm，材料为普通钢。两卡箍之间通过螺栓和螺母连接，内部垫有可压缩绝缘垫片，以最大程度减少构件对声波的干扰。保护壳的主要作用是防止岩屑直接

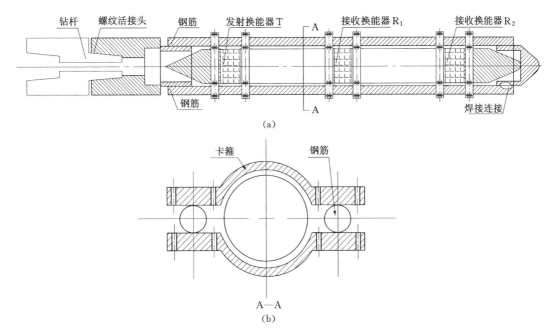

图 7-2 超声波探头保护装置

（a）主视图；（b）剖面图

作用在换能器上及探头在观测过程中的弯折和扭转变形。

　　如图 7-3 所示，螺纹活接头的主要作用是连接保护壳和矿用钻杆，材料为普通钢。根据实测需要，将螺纹孔加工成不同的直径，常用的有 $\phi63.5\ mm$、$\phi73\ mm$ 等。

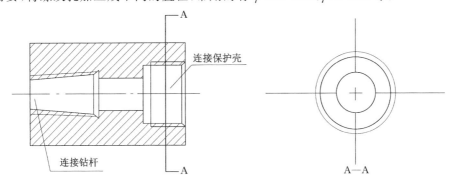

图 7-3 螺纹活接头

（a）主视图；（b）剖面图

　　探头增加保护装置后最大直径可达 75 cm，为避免探头直接与孔壁接触，要求钻孔直径较大，一般在 90 cm 以上。以地面某桩基垂直钻孔为例，分别在有、无保护装置情况下进行测量，结果如图 7-4 所示。由图 7-4 可以看出，两种情况所测波速差异很小，最大相差5.7%，平均仅为 2.1%，且曲线走势非常一致，说明保护装置不会对波速产生严重干扰。考虑到仪器系统误差，认为 2.16% 的差异在可接受范围之类，不影响对观测结果的定性及定量分析，因此认为该探头保护装置满足应用要求。

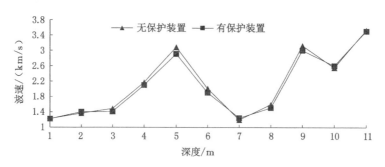

图 7-4　有、无保护装置情况下波速对比图

7.1.3　实测方案设计

实测地点为焦煤集团赵固二矿工作面。为防治工作面突水,设计二$_1$煤层底板注浆加固深度为:分层开采工作面煤层底板以下垂距 60 m;大采高工作面 85 m,接近 L$_2$灰岩含水层顶界面,即将 L$_8$灰岩含水层注浆改造为隔水层。煤层底板综合柱状图如图 7-5 所示。

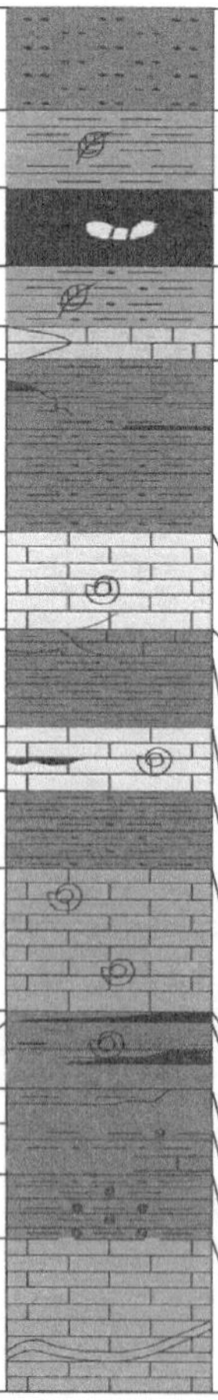

系	累计厚度/m	层厚/m	岩层	岩层名称	距二$_1$煤 最小～最大/m 平均距离
二叠系 P	805.80	7.46		大占砂岩	$\dfrac{0\sim13.98}{0.27}$
	812.11	6.31			
	818.27	6.16			
	833.39	15.12			
石炭系 C	838.87	5.48		L$_9$灰岩	
	845.10	9.31			
	854.41	4.98		L$_8$灰岩	$\dfrac{19.65\sim40.24}{27.07}$
	897.33	42.92			
	900.01	2.68			
	907.15	7.14			
	919.68	12.53			
	919.76	0.08		L$_2$灰岩	$\dfrac{85.58\sim104.57}{92.59}$
	926.64	6.88			
	928.18	1.54			
	930.0	1.92			
		5.78			
奥陶系 O	>987.61	>51.73		奥灰岩	$\dfrac{101.72\sim113.55}{108.27}$

图 7-5　煤层底板综合柱状图

实践表明,不同岩性的岩体中波速明显不同,同一岩性岩体在不同环境下波速也有较大差异。不同钻孔由于其方位角、倾角等因素不同,岩体结构弱面、节理裂隙、含水量等情况也不同,导致观测数据在数值、变化趋势上均存在较大差异,使观测结果不具有对比性,无法有效评价注浆加固效果,因此必须选择同一钻孔观测。钻孔倾角、斜长适中,尽可能多地穿过不同岩层,观测前需洗孔并注满水,如图 7-6 所示。工作面底板注浆改造钻孔布置如图 7-7 所示。

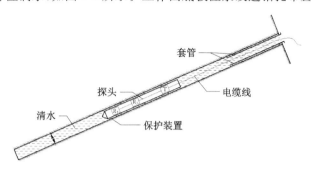

图 7-6　观测钻孔示意图

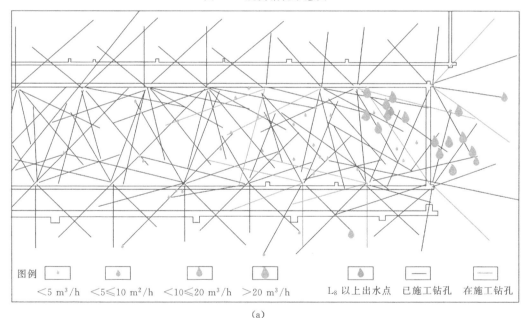

（a）

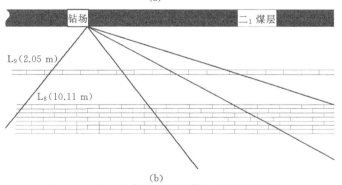

（b）

图 7-7　11030 工作面底板注浆改造钻孔布置图

（a）平面图；（b）剖面图

探测目的不同,钻孔施工程序也不同。例如,探测正常区段工作面注浆、开采前后岩体裂隙情况时,施工程序如图 7-8 所示;探测破碎区段(如断层带)注浆前后岩体裂隙情况时,可仅实施图 7-8 中前 8 个程序。为保证结果的准确性,原岩开孔后直接进行探测;注浆后待浆液凝固后观察,一般在注浆合格后 10～15 d、工作面开采后 1～3 个月期间探测为宜。

钻孔 ➡ 探测 ➡ 注浆 ➡ 透孔 ➡ 探测 ➡ 封孔 ➡ 开采 ➡ 透孔 ➡ 探测 ➡ 封孔

图 7-8　探测钻孔施工程序图

观测方案如表 7-1 所示,采用 ZBL-U520 型非金属超声波检测仪,现场全面探测"原岩(包括断层带)-注浆-开采"全过程中底板岩体弹性模量及其"增强-损伤"程度及规律。

表 7-1　观测方案

编号	类别	观测钻孔位置	钻孔信息
1	开采前,未注浆	11030 工作面回风巷,1-3 孔	方位角 242°,倾角 —26°
2	开采前,已注浆	11030 工作面回风巷,1-3 孔	方位角 242°,倾角 —26°
3	已注浆,开采影响	11030 工作面回风巷,1-3 孔	方位角 242°,倾角 —26°
4	断层,未注浆	11111 工作面回风巷,1-3 孔	方位角 124°,倾角 —36°
5	断层,已注浆	11111 工作面回风巷,1-3 孔	方位角 124°,倾角 —36°

7.1.4　实测结果及分析

7.1.4.1　实测结果

实测结果分两种情况:

① 正常段,即观测钻孔附近没有大的断裂构造。开采前未注浆时(原岩状态,表 7-1 中编号 1)观测一次,得到岩体的弹模初始值。注浆后(表 7-1 中编号 2)对同一钻孔再次观测,得到注浆加固后的岩体弹模,分析其增强程度及规律。工作面推进至距钻孔终孔位置水平距离 30～50 m 时(表 7-1 中编号 3)对同一钻孔再次观测,得到受开采影响的岩体弹模,分析其损伤程度及规律。

② 断层带,即观测钻孔位于断裂破碎带内,与断层面斜交。未注浆时(表 7-1 中编号 4)观测一次,得到岩体的弹模初始值。注浆后(表 7-1 中编号 5)对同一钻孔再次观测,得到注浆加固后的岩体弹模,分析其增强程度及规律。

实测结果如图 7-9 所示。

由图 7-9 可知,不同深度处,由于岩性不同,岩体弹模变化范围较大。正常段,注浆前岩体的弹模为 0.2～4.3 GPa,平均为 1.9 GPa;注浆后弹模明显增大,达到 3.1～11.7 GPa,平均为 6.3 GPa,平均增大了 232%;受开采影响,弹模有所降低,为 1.8～9.0 GPa,平均为 4.8 GPa,平均降低了 24%,但仍大于注浆前的弹模,表明注浆加固区域岩体受采动影响后仍具有一定的强度,具有加固作用。断层带,注浆前岩体的弹模为 0.1～3.2 GPa,平均为 1.5 GPa,小于正常段的弹模;注浆后弹模增大至 2.0～9.1 GPa,平均为 5.3 GPa,平均增大了 253%,仍小于正常段注浆后的弹模,表明断层对岩体强度的影响是全过程的。

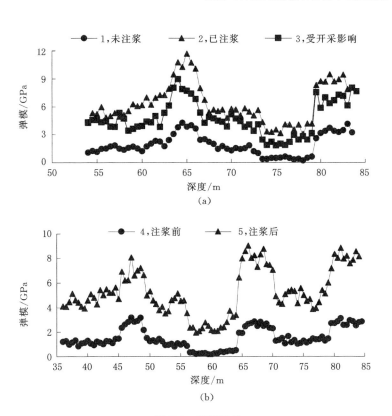

图 7-9　观测结果

(a) 正常段；(b) 断层带

　　分析认为,注浆后的岩体弹模增大,且断层带的岩体弹模增大幅度略大于正常段,是由于断层带岩体更破碎,裂隙空间更大,浆液充填空间也更大,因此弹模增幅大。注浆后断层带岩体弹模仍略低于正常段,说明断层带在注浆后仍为低强度区,属突水危险区域。

7.1.4.2　岩体弹模"注浆增强度"及"开采损伤度"

　　为定量描述底板岩体弹模注浆增大及开采后减小的特征,提出了岩体弹模"注浆增强度"及"开采损伤度"的参量：

$$\begin{cases} 注浆增强度\ E_z = (E_2 - E_1)/E_1 \times 100\% \\ 开采损伤度\ E_s = (E_2 - E_3)/E_2 \times 100\% \end{cases} \qquad (7\text{-}3)$$

式中,E_1、E_2、E_3 分别表示注浆前、注浆后、受开采影响的岩体弹模,GPa。

　　同一岩性岩体弹模数值相近、变化趋势基本一致,结合钻孔柱状图、测斜图等,当相邻两次观测数值相差比例大于 20% 时,认为此处为拐点,前后岩性改变。

　　因此,在正常段按钻孔斜长方向可将观测范围划分为 5 个深度区间,如表 7-2 所示。由表 7-2 可以看到：注浆后,73～79 m 区间的泥岩弹模增强度最大,达到 640%；其次是砂岩,为 241%～247%；灰岩最小,为 159%～176%。受开采影响,各区间岩体弹模损伤度差异不大,为 21%～35%。

表 7-2　正常段岩体弹模"增强-损伤"度

观测区段	弹模平均值/GPa			弹模增强度 E_Z 绝对值（比例）	弹模损伤度 E_S 绝对值（比例）	岩性
	注浆前 E_1	注浆后 E_2	开采影响 E_3			
54～63 m	1.7	5.9	4.4	4.2(247%)	1.5(25%)	砂岩
63～66 m	3.8	10.5	7.8	6.7(176%)	2.7(26%)	灰岩
66～73 m	1.7	5.8	4.4	4.1(241%)	1.4(24%)	砂岩
73～79 m	0.5	3.7	2.4	3.2(640%)	1.3(35%)	泥岩
79～84 m	3.4	8.8	7.0	5.4(159%)	1.8(21%)	灰岩

同理,在断层带可将观测范围分为 7 个深度区间,如表 7-3 所示。由表 7-3 可以看到:注浆后,56～64 m 区间的泥岩弹模增强度最大,达到 733%;其次是砂岩,为 277%～300%;灰岩最小,为 146%～216%。断层带由于岩体破碎,裂隙发育,所以原始弹模比正常段低,但注浆后可接近正常值,表明注浆效果好。

表 7-3　断层带岩体弹模"增强"度

观测区段	弹模平均值/GPa		弹模增强度 E_Z 绝对值（比例）	岩性
	注浆前 E_1	注浆后 E_2		
36～45 m	1.2	4.8	3.6(300%)	砂岩
45～49 m	2.8	6.9	4.1(146%)	灰岩
49～56 m	1.1	4.4	3.3(300%)	砂岩
56～64 m	0.3	2.5	2.2(733%)	泥岩
64～70 m	2.5	7.9	5.4(216%)	灰岩
70～79 m	1.3	4.9	3.6(277%)	砂岩
79～84 m	2.8	8.1	5.3(189%)	灰岩

7.2　岩体力学性质"增强-损伤"室内试验分析

现场实测受到钻孔岩性结构、原生裂隙、注浆材料等多种因素影响,岩体弹模整体较小,曲线具有波动性。室内试验测试条件更理想,综合研究可更深刻地认识其规律。因此,在赵固二矿现场取岩石试样和注浆材料,进行室内试验分析。

7.2.1　试验过程

7.2.1.1　试样制作与试验设备

试验岩石样品取自赵固二矿煤层底板不同位置的钻孔岩心,砂岩、泥岩、砂质泥岩、铝质泥岩、灰岩各若干,如图 7-10 所示。选取具有代表性的试样,根据试验要求将其加工成 ϕ50 mm×100 mm 的标准圆柱体试样,将两底面打磨光滑,使其相互平行并且垂直于圆柱体轴线。

图 7-10   部分岩石试样

本试验采用 ZBL-U520 型超声波检测仪对岩石内部纵波波速进行测定。如图 7-11 所示,采用对测方式,超声波通过试样时,仪器屏幕上显示接收到的声波波形,根据波形判读得到纵波在试样中的走时 T,而收发换能器间距(即所测试试样的长度)L 可通过游标卡尺精确测量,由此求得纵波在试样中的传播速度为 $V_\mathrm{p}=L/T$。

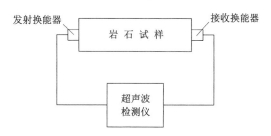

图 7-11   超声波检测示意图

7.2.1.2   试验步骤

试验主要测量不同岩性的岩样在不同裂隙宽度情况下,注浆前后其内部的纵波波速,进而分析其弹性模量变化规律。参考赵固二矿钻孔窥视器已有的观测成果,试验中岩石的预制裂隙宽度设置如下 4 种规格:0 mm(即完整状态)、2 mm、3 mm、5 mm。试验分别在注浆前干式状态、注浆前湿式状态、注浆后干式状态及注浆后湿式状态 4 种条件下测量各岩石试样声参量。试验具体步骤如下:

① 干式状态测量。室内自然状态下,在两试样端面均匀涂抹一薄层凡士林,将超声仪发射换能器和接收换能器紧贴两端面,呈对穿状,如图 7-12(a)所示,测量并记录数据。

② 裂隙制备及注浆过程模拟。将各岩样垂直于轴线等分切割成两段,每段高 50 mm,在两段岩样之间边缘处分别加不同厚度(2 mm、3 mm、5 mm)绝缘垫片,用玻璃胶将垫片与岩样黏合,以表示固定宽度的裂隙。结合赵固二矿实际情况,按水泥∶黏土＝1∶3 的比例,加入适量水配制成比重为 1.18 g/cm³ 的浆液作为注浆材料。用浆液充填满两段岩样之间的裂隙,稍干后用防水胶带沿四周封紧裂隙部位,防止浆液渗出,如图 7-12(b)所示。

③ 湿式状态测量。在上述干式状态下的各次测量完成后,将各对应试样放入盛满水的水槽中,静置一段时间(一般为 1 d),待其饱和后在水中测试各试样声参量,即为湿式状态下波速,如图 7-12(c)所示。

各试样在每种裂隙宽度下、注浆前后,分别测试 3 次,取平均值。

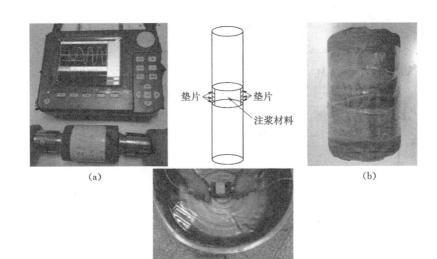

（a）

（c）

（b）

图 7-12 超声波检测过程

（a）干式状态测量；（b）裂隙及注浆模拟示意图；（c）湿式状态测量

7.2.2 试验结果及分析

7.2.2.1 测试数据

测试结果见表 7-4。为了更直观地对比在上述 4 种条件下，不同岩性的岩石试样力学性质的变化，根据表 7-4 中纵波波速转换得到岩石弹性模量，如图 7-13 所示。

表 7-4 各岩样纵波波速　　　　　　　　　　　单位：km/s

岩性	测试状态	裂隙宽度			
		完整	2 mm	3 mm	5 mm
粗砂岩	注浆前干式	3.034	2.058	1.543	1.135
	注浆前湿式	3.138	2.162	1.721	1.342
	注浆后干式	3.034	2.563	2.276	1.937
	注浆后湿式	3.138	2.738	2.312	1.905
细砂岩	注浆前干式	3.757	2.268	1.843	1.237
	注浆前湿式	3.921	2.426	2.067	1.734
	注浆后干式	3.757	3.242	3.054	2.638
	注浆后湿式	3.921	3.423	3.146	2.536
砂质泥岩	注浆前干式	2.538	1.603	1.437	1.196
	注浆前湿式	2.634	1.846	1.595	1.303
	注浆后干式	2.538	2.048	1.738	1.554
	注浆后湿式	2.634	2.146	1.795	1.603

表 7-4(续)

岩性	测试状态	裂隙宽度			
		完整	2 mm	3 mm	5 mm
铝质泥岩	注浆前干式	3.093	1.874	1.632	1.296
	注浆前湿式	3.127	2.138	2.001	1.725
	注浆后干式	3.093	2.557	2.349	2.142
	注浆后湿式	3.127	2.738	2.501	2.425
泥岩	注浆前干式	2.074	1.138	0.936	0.686
	注浆前湿式	2.236	1.106	1.121	0.792
	注浆后干式	2.074	1.538	1.248	1.136
	注浆后湿式	2.236	1.608	1.429	1.242
灰岩	注浆前干式	6.152	4.972	4.502	4.037
	注浆前湿式	6.239	5.113	4.681	4.338
	注浆后干式	6.152	5.803	5.697	5.502
	注浆后湿式	6.239	6.038	5.823	5.694

整体对比各类型岩石试样测试结果可以发现：不同岩性的岩石试样,由于密度、泊松比等因素不同,其内部纵波波速及弹性模量有很大差异,且相互之间存在一定范围的交叉;即使是同一岩性的岩石,由于取样地点的不同,岩石受本身赋存环境的影响,其内部纵波波速及弹性模量也不完全相同。在试样完整(即裂隙宽度为 0 mm)时,灰岩的弹性模量最大,达到 63.6 GPa;其次是砂岩,为 13.7～22.3 GPa,且细砂岩的弹性模量高于粗砂岩的;泥岩的弹性模量最小,为 5.8 GPa;而砂质泥岩和铝质泥岩,由于受到所含矿物成分的影响,其弹性模量介于砂岩和泥岩之间,为 7.9～12.3 GPa,且铝质泥岩弹性模量高于砂质泥岩。一般来说,岩石密度由泥岩到砂岩到灰岩逐渐增大,试验结果表明,岩石内部纵波波速及弹性模量与其密度之间呈非线性正相关关系。

7.2.2.2 注浆前后对比分析

由图 7-13 可知,当裂隙宽度由 0 mm 增大至 5 mm 时,注浆前灰岩的弹性模量由 63.6 GPa 减小为 24.7 GPa,减小了 61%;细砂岩的弹性模量由 22.3 GPa 减小为 2.7 GPa,减小了 88%;粗砂岩的弹性模量由 13.7 GPa 减小为 1.5 GPa,减小了 89%;砂质泥岩的弹性模量由 7.9 GPa 减小为 1.3 GPa,减小了 84%;铝质泥岩的弹性模量由 12.3 GPa 减小为 2.6 GPa,减小了 79%;泥岩的弹性模量由 5.8 GPa 减小为 0.4 GPa,减小了 93%。

注浆后,灰岩的弹性模量增大到 50.1 GPa,增大了 103%;细砂岩的弹性模量增大到 7.2 GPa,增大了 167%;粗砂岩的弹性模量增大到 3.7 GPa,增大了 147%;砂质泥岩的弹性模量增大到 2.2 GPa,增大了 69%;铝质泥岩的弹性模量增大到 6.4 GPa,增大了 191%;泥岩的弹性模量增大到 1.3 GPa,增大了 225%。

在试验 4 种条件下,各种岩性的岩石,其弹性模量均随着裂隙宽度的增大而减小,但减小幅度不同,其中裂隙对泥岩的弹性模量损伤度最大,砂岩次之,灰岩最小。说明由于裂隙的存在,破坏了岩体的连续性,严重降低其整体力学强度,导致弹性模量大幅降低。

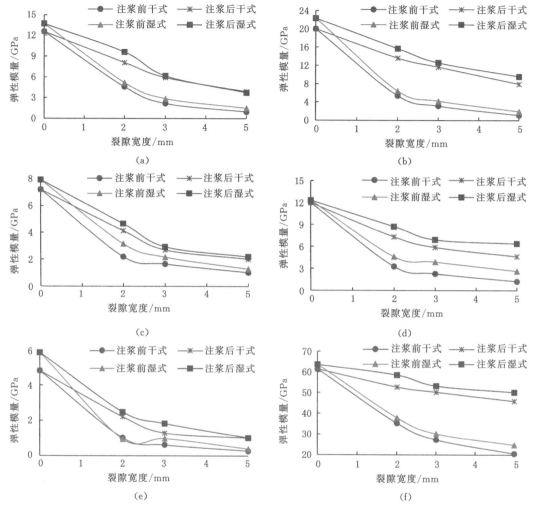

图 7-13 各岩样在不同裂隙宽度情况下的弹性模量

(a) 粗砂岩；(b) 细砂岩；(c) 砂质泥岩；(d) 铝质泥岩；(e) 泥岩；(f) L_8 灰岩

在同一裂隙宽度下，注浆后岩石弹性模量明显高于注浆前，有较大幅度回升，但增大幅度不同，且均低于完整状态下的初始值，其中注浆对泥岩弹性模量的增强度最大，砂岩次之，灰岩最小。说明注浆能有效改善裂隙岩体连续性，增强其整体力学强度。

7.2.2.3 干式、湿式状态对比分析

从图 7-13 干式状态与湿式状态的对比可以看到，各种岩性的岩石，无论注浆与否，其湿式状态的弹性模量均略高于对应的干式状态弹性模量。在试样完整时，干式弹性模量和湿式弹性模量差异不大；在有裂隙状态下，干式弹性模量和湿式弹性模量差异很大。说明水溶液的存在严重影响着岩石内部纵波波速及弹性模量，随着含水量的增加，岩石的弹性模量增大。

但是由于岩性不同，岩石本身的矿物成分、风化程度等因素有很大差异，不同岩性的岩石中节理裂隙、结构弱面的发育情况也就不同，使得其具有不同的孔隙率。完全饱和时，岩

石中吸附的水量有着明显不同,这种差异会影响岩石内部声波速度及弹性模量,因此,随着含水量的增加,岩石的弹性模量增大速率也不完全相同。

水溶液影响岩石内部纵波波速及弹性模量的重要原因是由于水的存在,相当于添加了润滑剂,减小了分子间的摩擦力,使分子活动能力加强。另外,水溶液作为液体介质,给纵波提供了良好的传播条件,因此随着含水量的增加,岩石内部纵波波速及弹性模量增大。

7.3 注浆加固效果评价

7.3.1 L$_8$灰岩突水可能性评价

11050 工作面底板破坏深度(采高 5.8 m)经现场实测为 34.8 m,二$_1$煤层至 L$_8$灰岩间的隔水层平均厚度为 26.5 m,水压可达 6.38 MPa。若考虑底板破坏深度,则受采动影响,11050 工作面底板与 L$_8$灰岩间已完全导通,底板隔水能力为零。因此,必须对 11050 工作面及其周围煤层底板 L$_8$灰岩进行注浆加固,才能保证工作面安全回采。

7.3.2 L$_2$灰岩和奥灰突水可能性评价

对 L$_8$灰岩进行注浆加固(注浆深度为 85 m),将其改造为隔水层,则工作面底板主要含水层为太原组 L$_2$灰岩和奥灰。计算突水系数,如表 7-5 和表 7-6 所示。

表 7-5　不考虑底板破坏时 L$_2$灰岩和奥灰突水系数

含水层	水压/MPa	隔水层厚/m	突水系数/(MPa/m)
L$_2$灰岩	7.00	88.88	0.079
奥灰	7.04	117.56	0.059

表 7-6　考虑底板破坏时 L$_2$灰岩和奥灰突水系数(采高 5.8 m)

含水层	水压/MPa	隔水层厚/m	突水系数/(MPa/m)
L$_2$灰岩	7.00	54.08	0.129
奥灰	7.04	82.76	0.085

对工作面底板突水危险性分析如下:

① 当 L$_8$灰岩进行注浆加固后,L$_2$灰岩含水层的突水系数仍然大于 0.06 MPa/m,在有构造影响时具有突水可能性,因此矿井仍然需要做好防治水工作。

② 奥灰水的突水系数在 0.059～0.085 MPa/m 之间,因此要防止奥灰水通过导水断层、封闭不良钻孔和陷落柱等异常导水体导入工作面。

③ 由于突水系数在考虑和不考虑底板破坏两种情况下处于 0.059～0.129 MPa/m 之间,而焦作矿区突水临界突水系数为 0.060～0.100 MPa/m,因此,评价底板注浆强度及效果就显得极为重要。

7.3.3 注浆前、注浆后结果比较

根据式 $T=P/(M-C_p)$ 可知,底板破坏深度 C_p 减小时,突水危险系数 T 也减小;根据公式 $P_{理安}=2\sigma_t M^2/L^2+\gamma M/10^6$ 可知,底板理论安全水压值 $P_{理安}$ 与岩体抗拉强度 σ_t 呈正线性相关;根据公式 $P_2=A_2(M-h_1)^2 S_t+\gamma M$ 可知,底板极限水压承载力 P_2 与岩体抗拉强度 S_t 呈正线性相关;根据公式 $h_m=\dfrac{1.57\gamma^2 H^2 L}{4\sigma_c^2}$ 可知,底板最大破坏深度 h_m 与岩体抗压强度 σ_c 的平方成反比关系。

通过对底板岩层进行注浆加固,裂隙岩体空间被浆液填充,岩体变得致密,连续性变好,其抗压强度、抗拉强度、弹性模量等力学参量均有不同程度的增大,从而底板理论安全水压值、底板极限水压承载力增大,而底板破坏深度减小,突水系数减小。

根据相关统计资料和工程经验,得到岩石单轴抗压强度和弹性模量之间存在如下经验关系式:

$$\sigma_c=E/k \tag{7-4}$$

式中,E 为岩石的弹性模量,GPa;σ_c 为岩石的单轴抗压强度,MPa;根据岩性的不同,系数 k 取值范围为 $0.3\sim0.5$。

当工作面回采进入周期来压阶段时,可以认为工作面的超前支承压力以恒定形态随工作面的推进而前移,采空区一侧随着覆岩的垮落和破碎岩石的压密,自煤壁开始向采空区方向应力逐步增大,并在一定范围内恢复原岩应力状态。此外,根据工作面实际情况,采场底板是非均质的,由不同岩性、不同厚度的岩层构成。采场支撑压力可拆分成原岩应力和应力增量,原岩应力为 γh_0,而底板中的应力增量是一个无自重的应力场,如图 7-14 所示。

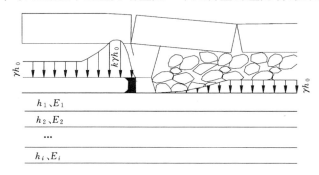

图 7-14 采场应力分布图

由于煤层底板隔水层的岩层层数较多,通过平均模量法,将底板各岩层转换为岩性相似的似均质体,而不是将其统一视为半无限均质弹性体,可更精确地求解底板岩层岩石力学参数的加权平均值。视底板各岩层的厚度为权值,按照下述公式求出底板岩层弹性模量的加权平均值:

$$\bar{E}=\frac{h_1 E_1+h_2 E_2+\cdots+h_i E_i+\cdots+h_n E_n}{h_1+h_2+\cdots+h_i+\cdots+h_n}=\frac{\sum_{i=1}^{n}h_i E_i}{\sum_{i=1}^{n}h_i} \tag{7-5}$$

式中，E 为底板岩层的弹性模量加权平均值，GPa；h_i 为第 i 层岩层的厚度，m；E_i 为第 i 层岩层的弹性模量，GPa。

依据同样的方法可分别求出其他力学参量的加权平均值。

由上述实测及试验结果可知，注浆后不同岩性的岩石弹性模量增量如表 7-7 所示。

表 7-7　注浆后不同岩性的岩石弹性模量增量（比例）

岩性	赵固矿区实测结果		室内试验结果
	无断层区域	断层带	
泥岩	640%	733%	225%
砂岩	241%～247%	277%～300%	147～167%
灰岩	159%～176%	146%～216%	103%

可以看到，现场实测结果中岩体的弹性模量增量远大于室内试验结果，分析其原因是实测条件复杂，干扰因素多，且岩体裂隙发育，导致注浆前初始值较低，而注浆后岩体裂隙空间被浆液填充，岩体变得致密，所以岩体的弹性模量增量较大。

根据上述分析，代入相关参数：开采深度 $H=700$ m，工作面斜长 $L=180$ m，将 L_8 灰岩含水层注浆改造为隔水层，则主要含水层为 L_2 灰岩，其水压力 $P=7$ MPa，隔水层厚度 $M=89$ m，底板岩体权重平均重度 $\gamma=2.4\times10^4$ N/m³。注浆加固前，灰岩抗压强度 $\sigma_{c_1}=50$ MPa，砂岩抗压强度 $\sigma_{c_2}=35$ MPa，泥岩抗压强度 $\sigma_{c_3}=10$ MPa，则底板岩体权重平均抗压强度 $\sigma_c=30$ MPa，取抗拉强度 $\sigma_t=0.2\sigma_c=6$ MPa。实际工程中，考虑折减系数，则底板岩体权重平均抗压强度 $S_c=\sigma_c/f=25$ MPa，抗拉强度 $S_t=\sigma_t/f=5$ MPa。注浆加固后，底板岩体权重平均抗压强度 $S'_c=\sigma'_c/f=25$ MPa，抗拉强度 $S'_t=\sigma'_t/f=5$ MPa。

据此可以计算注浆加固前后，底板理论安全水压值、底板极限水压承载力、底板破坏深度以及底板突水系数变化量，如表 7-8 所示。

表 7-8　注浆加固前后各评价指标变化量

参量对比	注浆前	注浆后	变化量
底板理论安全水压值/MPa	5.9	7.4	增大 25%
底板极限水压承载力/MPa	6.1	7.5	增大 23%
采动底板破坏深度/m	31.6	20.2	减小 36%
底板突水危险系数/(MPa·m⁻¹)	0.122	0.102	减小 16%

由此可见，如果不进行底板注浆加固，采用上述各评价方法计算，工作面底板突水危险性极大。注浆改造后，L_8 灰岩含水层注浆改造为隔水层，底板所能承受的极限水压力增大 23%～25%，而底板破坏深度减小 36%，底板突水系数也有所减小，但仍大于 0.1 MPa/m 的临界值，在遇到断层等构造影响时具有突水可能性，因此矿井仍然需要做好防治水工作。

8 煤层底板岩体采动破坏特征研究

8.1 底板破裂深度预计

8.1.1 经验公式

考虑对底板破坏深度影响的开采深度、煤层倾角、岩石强度和工作面斜长等因素,根据全国已有的煤层底板破坏深度的实测资料,通过多元回归,得出了底板破坏深度的回归公式:

$$h_1 = 0.111L + 0.006H + 4.541\sigma_c - 0.009\alpha - 2.40 \tag{8-1}$$

式中,h_1 为底板采动破坏深度,m;H 为采深,m;L 为工作面斜长,m;σ_c 为岩石单轴抗压强度,MPa;α 为煤层倾角。

考虑工作面长度、开采深度、煤层倾角对煤层底板采动破坏深度影响,可采用下述公式计算:

$$h_1 = 0.008\ 5H + 0.166\ 5\alpha + 0.107\ 9L - 4.357\ 9 \tag{8-2}$$

式中,h_1 为底板采动破坏深度,m;H 为采深,m;L 为工作面斜长,m;α 为煤层倾角。

另外还有:

$$h_1 = 0.700\ 7 + 0.107\ 9L \tag{8-3}$$

利用上面三个经验公式计算赵固二矿 11011 工作面底板的最大破坏深度分别为 22.76 m、21.84 m、20.12 m,可见 3 个公式计算结果比较一致。

8.1.2 力学理论预计

8.1.2.1 弹性力学理论计算

一般情况下,工作面形状为矩形,由于开采厚度远小于开采宽度,因此可以将采场简化为如图 8-1 所示的力学模型。设开采长度 $L_x = 2a$,远离采场处受垂直应力和水平应力的作用,垂直应力为 γh,水平应力为 $\lambda\gamma h$。利用应力函数,可以得出采场端部应力分布及大小,其中采场附近应力大小为:

$$\sigma_x = \sqrt{\frac{a}{2r}}\cos\frac{\theta}{2}\left(1 - \sin\frac{\theta}{2}\sin\frac{3\theta}{2}\right)\sigma - (1-\lambda)\sigma \tag{8-4}$$

$$\sigma_y = \sqrt{\frac{a}{2r}}\cos\frac{\theta}{2}\left(1 + \sin\frac{\theta}{2}\sin\frac{3\theta}{2}\right)\sigma \tag{8-5}$$

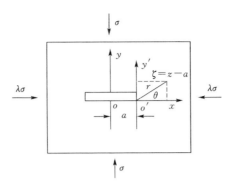

图 8-1 力学模型

$$\tau_{xy} = \sigma \sqrt{\frac{a}{2r}} \cos\frac{\theta}{2} \sin\frac{\theta}{2} \cos\frac{3\theta}{2} \tag{8-6}$$

把 $L_x = 2a$，$\sigma = \gamma H$ 代入上式，可以得出采场边缘应力场的大小：

$$\sigma_x = \frac{\gamma H}{2} \sqrt{\frac{L_x}{r}} \cos\frac{\theta}{2} \left(1 - \sin\frac{\theta}{2} \sin\frac{3\theta}{2}\right) - (1-\lambda)\gamma h \tag{8-7}$$

$$\sigma_y = \frac{\gamma H}{2} \sqrt{\frac{L_x}{r}} \cos\frac{\theta}{2} \left(1 + \sin\frac{\theta}{2} \sin\frac{3\theta}{2}\right) \tag{8-8}$$

$$\sigma_{xy} = \frac{\gamma H}{2} \sqrt{\frac{L_x}{r}} \cos\frac{\theta}{2} \sin\frac{\theta}{2} \cos\frac{3\theta}{2} \tag{8-9}$$

从上述公式可以看出，随着开采长度的不断增加，工作面周围的应力也相应增加。

由弹性力学理论得出平面问题主应力大小的计算公式：

$$\sigma_1, \sigma_2 = \frac{\sigma_x + \sigma_y}{2} \pm \sqrt{\left(\frac{\sigma_x - \sigma_y}{2}\right)^2 + \tau_{xy}} \tag{8-10}$$

将式(8-4)～式(8-6)代入上式，并经过简化可得出：

$$\sigma_1 = \frac{\gamma H}{2} \sqrt{\frac{L_x}{r}} \cos\frac{\theta}{2} \left(1 + \sin\frac{\theta}{2}\right) \tag{8-11}$$

$$\sigma_2 = \frac{\gamma H}{2} \sqrt{\frac{L_x}{r}} \cos\frac{\theta}{2} \left(1 - \sin\frac{\theta}{2}\right) \tag{8-12}$$

当研究问题是平面应力问题时，有：

$$\sigma_3 = 0 \tag{8-13}$$

当研究问题是平面应变问题时，有：

$$\sigma_3 = v\gamma H \sqrt{\frac{L_x}{r}} \cos\frac{\theta}{2} \tag{8-14}$$

利用莫尔-库仑准则，有：

$$\sigma_1 - K\sigma_3 = \sigma_c \tag{8-15}$$

式中 σ_c——岩石抗压强度，MPa；

$K = \dfrac{1 + \sin\varphi}{1 - \sin\varphi}$，$\varphi$ 为内摩擦角。

将式(8-11)、式(8-13)代入上式,得出采场边缘破坏区的边界方程:

$$r = \frac{\gamma^2 H^2 L_x}{4\sigma_c^2} \cos^2 \frac{\theta}{2} \left(1 + \sin \frac{\theta}{2}\right)^2 \tag{8-16}$$

根据式(8-16)可以画出采场边缘破坏形态图,如图 8-2 所示。

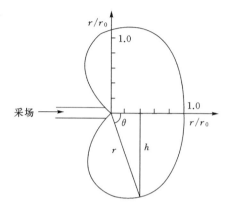

图 8-2 采场边缘岩体破坏区形态

当 $\theta = 0$ 时,即可得出采场边缘的破坏区宽度 r_0:

$$r_0 = \frac{\gamma^2 H^2 L_x}{4\sigma_c^2} \tag{8-17}$$

从图 8-2 可以得出,底板破坏的最大深度为:

$$h = r\sin \theta \tag{8-18}$$

将式(8-18)代入式(8-16),得:

$$h = \frac{\gamma^2 H^2 L_x}{4\sigma_c^2} \cos^2 \frac{\theta}{2} \left(1 + \sin \frac{\theta}{2}\right)^2 \sin \theta \tag{8-19}$$

对式(8-19)求导,令 $\frac{dh}{d\theta} = 0$,并进行求解,得:

$$\sin \frac{\theta}{2} = \frac{1 + \sqrt{7}}{6} \tag{8-20}$$

此时,$\theta = 74.85°$,将该值代入式(8-19),可得出底板最大破坏深度:

$$h_{\max} = \frac{1.57\gamma^2 H^2 L_x}{4\sigma_c^2} \tag{8-21}$$

从式(8-21)可以看出,底板的破坏深度与工作面的开采长度、煤层深度和煤层顶底板岩性密切相关,其中破坏深度与工作面的开采长度、煤层深度成正比,与煤层底板的抗压强度成反比。

利用几何关系,可以求出最大破坏深度在水平位置距工作面端部的距离为:

$$L_{\max} = h_{\max} \cot \theta = \frac{0.42\gamma^2 H^2 L_x}{4\sigma_c^2} \tag{8-22}$$

对于底板岩体的强度和重度,根据岩层的分布情况,采用权重计算:

$$\overline{R} = \frac{\sum_{i=1}^{n} h_i R_i}{\sum_{i=1}^{n} h_i}$$

式中 $\overline{R}$——岩体的权重参数；

h_i——第 i 层岩层的厚度；

R_i——第 i 层岩层的参数。

将岩石物理力学试验结果代入上式,得出底板岩层平均抗压强度为 $\sigma_c = 30.4$ MPa。将赵固二矿 11011 工作面参数代入式(8-21),得出基本顶来压期间底板的最大破坏深度:

$$h_{\max} = \frac{1.57 \gamma^2 H^2 L_x}{4 \sigma_c^2} = \frac{1.57 \times 9.8^2 \times 2\,600^2 \times 690^2 \times 180}{4 \times 30.4^2 \times 10^{12}} = 23.63 \ (\text{m})$$

此时,底板最大破坏深度距离工作面的距离为:

$$L_{\max} = \frac{0.42 \gamma^2 H^2 L_x}{4 \sigma_c^2} = \frac{0.42 \times 9.8^2 \times 2\,600^2 \times 570^2 \times 180}{4 \times 25.3^2 \times 10^{12}} = 6.32 \ (\text{m})$$

8.1.2.2 塑性力学理论计算

对于开采而引起的底板破坏深度,一般采用土力学中地基学的计算方法。根据塑性理论,地基中的极限平衡区分为 3 个区,如图 8-3 所示。由于开采形成的支承压力影响而形成的破坏深度,可以用图 8-4 所示,图中 D 表示破坏深度。

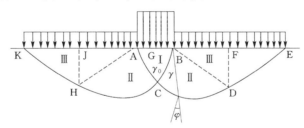

图 8-3 地基中的极限平衡

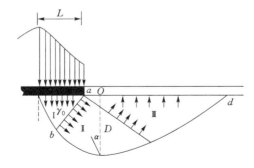

图 8-4 支承压力形成的底板破坏深度

经过计算推导,煤层塑性区的宽度为:

$$L = \frac{m}{2K \tan \varphi} \ln \frac{n\gamma H + C_m \cot \varphi}{KC_m \cot \varphi}$$

式中　n——最大应力集中系数；

　　　m——煤层开采厚度，m；

　　　H——开采深度，m；

　　　γ——岩体的重度，kg/m³；

　　　C_m——黏聚力，MPa；

　　　φ——内摩擦角；

$K=\dfrac{1+\sin\varphi}{1-\sin\varphi}$，$\varphi$ 为内摩擦角。

底板的最大破坏深度为：

$$D_{\max}=\frac{L\cos\varphi_0}{2\cos\left(\dfrac{\pi}{4}+\dfrac{\varphi_0}{2}\right)}\mathrm{e}^{\left(\frac{\pi}{2}+\frac{\varphi_0}{2}\right)\tan\varphi_0} \tag{8-23}$$

最大深度的位置为：

$$l=\frac{L\sin\varphi_0}{2\cos\left(\dfrac{\pi}{4}+\dfrac{\varphi_0}{2}\right)}\mathrm{e}^{\left(\frac{\pi}{4}+\frac{\varphi_0}{2}\right)\tan\varphi_0} \tag{8-24}$$

式中，φ_0 为底板岩体权重平均内摩擦角。

根据岩石物理试验结果，对力学参数进行折减，得出需要的参数：煤的内摩擦角 $\varphi=28°$，$n=1.6$，黏聚力 $C_\mathrm{m}=1.05$ MPa，采厚 $m=3.6$ m，埋深 $H=690$ m，代入煤层塑性区宽度计算公式，有：

$$\begin{aligned}L&=\frac{m}{2K\tan\varphi}\ln\frac{n\gamma H+C_\mathrm{m}\cot\varphi}{KC_\mathrm{m}\cot\varphi}\\&=\frac{3.6}{2\times2.77\times0.53}\ln\frac{1.6\times9.8\times2\,600\times690\times10^{-3}+1.05\times1.89}{2.77\times1.05\times1.89}\\&=10.47\ (\mathrm{m})\end{aligned}$$

将 L 和 $\varphi_0=37°$ 代入底板最大破坏深度计算公式，有：

$$\begin{aligned}D_{\max}&=\frac{L\cos\varphi_0}{2\cos\left(\dfrac{\pi}{4}+\dfrac{\varphi_0}{2}\right)}\mathrm{e}^{\left(\frac{\pi}{4}+\frac{\varphi_0}{2}\right)\tan\varphi_0}\\&=\frac{10.47\times\cos37°}{2\cos\left(\dfrac{\pi}{4}+\dfrac{37°}{2}\times\dfrac{\pi}{180}\right)}\mathrm{e}^{\left(\frac{\pi}{4}+\frac{37°}{2}\times\frac{\pi}{180}\right)\times\tan37°}\\&=21.83\ (\mathrm{m})\end{aligned}$$

底板最大破坏深度距工作面端部的距离为：

$$l=\frac{L\sin\varphi_0}{2\cos\left(\dfrac{\pi}{4}+\dfrac{\varphi_0}{2}\right)}\mathrm{e}^{\left(\frac{\pi}{4}+\frac{\varphi_0}{2}\right)\tan\varphi_0}=21.83\times\tan\varphi_0=16.45\ (\mathrm{m})$$

通过计算可以得出，在正常开采阶段，工作面长度为 180 m 时，底板的最大破坏深度在 21.83 m 左右，其最大破坏深度位置距离工作面端部 16.45 m。

8.2 大埋深大采高底板破坏深度实测与计算方法

8.2.1 采高对底板破坏的影响

随着机械化程度的不断提高,开采强度不断增大,大采高和大埋深工作面也在增多。我国煤层埋深一般分为 4 类:小于 200 m 的为浅埋深,200～500 m 的为中等埋深,500～1 000 m 的为大埋深,大于 1 000 m 的为超大埋深。通过分析可知,浅部煤层开采采高对底板破坏深度的影响较小且实测数据较少,收集中等及以上埋深(200～650 m)的煤层开采时底板破坏深度实测数据(见表 8-1),对底板破坏深度的规律进行研究。无断层影响时,底板破坏深度与采高的拟合关系如图 8-5 所示。

表 8-1 中等及以上埋深工作面底板破坏深度统计表

序号	工作面地点	地质采矿条件					底板破坏深度 /m
		采深 /m	煤层倾角/(°)	采高 /m	工作面斜长/m	断层	
1	霍县曹村 11014 工作面	200	10	1.60	100	无	8.50
2	肥城白庄矿 7406 工作面	225	14	1.90	130	无	9.75
3	韩城马沟渠矿 1100 工作面	230	10	2.30	120	无	13.00
4	鹤壁三矿 128 工作面	230	26	3.50	180	无	20.00
5	邢台矿 7802 工作面	259	4	3.00	160	无	16.40
6	淄博双沟矿 1208 工作面	287	10	1.00	130	无	9.50
7	澄合二矿 22510 工作面	300	8	1.80	100	无	10.00
8	淄博双沟矿 1204 工作面	308	10	1.00	160	无	10.50
9	新庄孜矿 4303 工作面 1	310	26	1.80	128	无	16.80
10	吴村煤矿 3305 工作面	327	12	2.40	120	无	11.70
11	吴村煤矿 32031 工作面 1	375	14	2.40	100	无	12.90
12	赵固一矿 11111 工作面	570	2	3.50	176	无	23.48
13	钱营孜 3212 工作面	650	9	3.50	150	无	24.30
14	新汶良庄 51302 工作面	640	12	1.00	165	有	35.00
15	肥城白庄 7105 工作面	520	10	1.50	80	有	21.56
16	曹庄煤矿 8812 工作面	420	20	1.97	120	有	18.50

受埋深、煤层倾角、采高和工作面长度 4 个因素的影响,埋深为 200～650 m 时的底板破坏深度为 8.5～24.3 m,变化范围较大,各因素影响明显。底板破坏深度与采高的拟合曲线相关系数为 0.73,拟合程度较高,采高对底板破坏深度影响明显。由于工作面回采后形成大范围采空区,受高承压水和围岩应力作用的底板卸压后发生破裂。采高增大后,形成采空区的空间大,顶板破裂岩块增多,垮落带高度增大,顶板岩块垮落后对底板造成二次扰动,底板

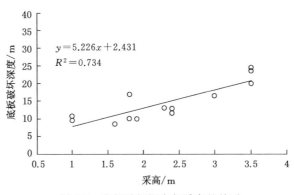

图 8-5 底板破坏深度与采高的关系

破裂加剧,破坏深度增大。在 4 个因素相差不大的情况下,受断层影响的工作面底板破坏深度比无断层时明显大,增大为 16.5%～74.12%。

8.2.2 底板破坏深度多元线性回归分析

煤层开采后围岩开始向塑性变形阶段过渡,支承压力的改变会较大程度地影响岩体的破坏与变形。随着煤层埋深的增大,采场地质条件变得复杂,岩体受力状态发生改变。采高增大时,顶板破碎程度随之增大,垮落的岩石对底板产生扰动后底板破裂程度进一步加剧。已有经验公式及参数未能充分反映采高对煤层开采后底板破坏的影响,因此需要探索考虑采高因素的底板破坏深度预计公式。

8.2.2.1 数学模型的建立

将表 8-1 中 13 个无断层时底板破坏深度实测数据(即序号 1～13)结合 11050 工作面和 11011 工作面无断层时底板破坏深度实测数据,共计 15 个实测数据作为学习样本,利用 SPSS 统计分析软件对埋深 200～710 m 的工作面底板破坏深度与采高进行线性回归分析,与 4 个影响因素进行多元线性回归分析,得到底板破坏深度与采高拟合曲线如图 8-6 所示。

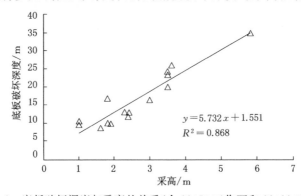

图 8-6 底板破坏深度与采高的关系(含 11050 工作面和 11011 工作面)

底板破坏深度与采高的拟合曲线相关系数大于 0.85,拟合程度更高,拟合曲线斜率增大,表明大埋深时采高对底板破坏深度影响更明显。

多元回归分析计算过程中取自变量为采深(H)、煤层倾角(α)、工作面斜长(L)、采高

（M），取因变量为底板破坏深度（h）。根据底板破坏深度与各影响因素的关系，建立以下线性回归方程：

$$h = a_0 + a_1 H + a_2 \alpha + a_3 M + a_4 L \tag{8-25}$$

式中，a_0 为常数项；a_1、a_2、a_3、a_4 为回归系数。

多元线性回归分析结果如表 8-2 所示，得到相关系数 $R^2 = 0.972$，复相关系数 $R = 0.986$，接近于 1，表明底板破坏深度与各变量的相关程度高。检验统计量 $F = 87.585 > F_{0.05}(4, 10) = 3.48$，表明模型线性相关性较强，回归显著，可以用此模型来预计底板破坏深度。考虑采高因素后的底板破坏深度线性回归公式为：

$$h = 0.017\,5H + 0.146\,3\alpha + 3.371\,7M + 0.050\,8L - 7.669\,5 \tag{8-26}$$

表 8-2 回归计算结果

回归系数					统计系数			
a_0	a_1	a_2	a_3	a_4	F	R^2	R	S
$-7.669\,5$	0.017 5	0.146 3	3.381 7	0.050 8	87.585	0.972	0.986	1.516 18

注：F 为回归均方与剩余均方的比，用于回归显著性检验；R 为复相关系数，反映了因变量同 m 个自变量的相关程度；S 为标准误差，可用来估计回归方程预测因变量时预测误差的大小。

8.2.2.2 公式可行性检验

利用考虑采高后的新多元线性统计公式分别对无断层时的 15 个样本的底板破坏深度进行预计，预计结果与原经验公式、实测值对比见表 8-3。

表 8-3 底板破坏深度预计结果比较

序号	工作面	原公式 预测值/m	新公式 预测值/m	实测值 /m	新公式与实测值比较	
					绝对误差/m	相对误差/%
1	霍县曹村 11014 工作面	9.80～12.06	7.78	8.50	0.72	8.42
2	肥城白庄矿 7406 工作面	13.91～14.88	11.35	9.75	1.60	16.36
3	韩城马沟渠矿 1100 工作面	12.21～13.96	11.69	13.00	1.31	10.06
4	鹤壁三矿 128 工作面	19.30～21.35	21.14	20.00	1.14	5.70
5	邢台矿 7802 工作面	15.77～17.96	15.72	16.40	0.68	4.14
6	淄博双沟矿 1208 工作面	13.77～14.88	8.80	9.50	0.70	7.35
7	澄合二矿 22510 工作面	10.31～12.06	9.92	10.00	0.08	0.82
8	淄博双沟矿 1204 工作面	17.19～17.96	10.69	10.50	0.19	1.84
9	新庄孜矿 4303 工作面 1	14.51～16.42	14.15	16.80	2.65	15.78
10	吴村煤矿 3305 工作面	13.37～13.96	14.02	11.70	2.32	19.83
11	吴村煤矿 32031 工作面 1	11.49～12.06	14.14	12.90	1.24	9.59
12	赵固一矿 11111 工作面	18.96～19.81	23.37	23.48	0.11	0.45
13	钱营孜 3212 工作面	16.68～18.85	24.48	24.30	0.18	0.73
14	赵固二矿 11050 工作面	19.30～21.43	33.95	34.80	0.85	2.44
15	赵固二矿 11011 工作面	19.30～21.60	26.51	25.80	0.71	2.76

原经验公式预计值与实测值相比,误差均较大。考虑采高后的新底板破坏深度预计公式与实测值相比,绝对误差为 0.08～2.65 m,由于部分实测值较小,相对误差计算较大,最大值为 19.83%。新公式预计 11050 工作面和 11011 工作面的底板破坏深度与实测值相比,绝对误差仅为 0.71～0.85 m,相对误差为 2.44%～2.76%。考虑采高后,对底板破坏深度预计准确率更高,接近实际情况,简单易用,可用于类似地质条件的无断层工作面底板破坏深度的预计。根据统计数据,受断层影响时底板破坏深度建议取值为无断层时的 1.5～2 倍,但需根据实际情况进一步深入研究。

8.3 底板破坏深度实测

8.3.1 底板破坏深度探测方法简介

各煤田地质条件千差万别,对底板破坏深度的观测研究方法也多种多样,由于其各自适用条件的不同,在不同煤田观测得到的结果也不尽相同。其中,大多数方法在各自煤田观测应用中都取得了比较好的效果,基本上都得到了有效的底板破坏深度,能够很好地指导煤矿底板防治水工作。

20 世纪 80 年代以来,全国已经进行了许多有关底板采动破坏的现场观测,根据不同的地质条件,以其在不同地质条件下对特定的工作面进行底板破坏深度的观测研究,同时在不同时期受到环境条件和设备条件的限制,常用的观测方法有以下几种。

8.3.1.1 钻孔注水法

(1)方法原理

在采前向煤层底板打一定深度的斜孔,如图 8-7 所示,每天观测单位时间向里的注水量;向外流水时,每天观测单位时间向外的流水量。

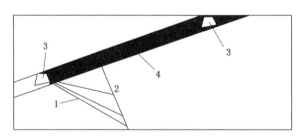

1—钻孔;2—煤层法线;3—巷道;4—煤层。

图 8-7 注水钻孔布置示意图

在采前或采面推进过程中采动影响还没有波及钻孔位置时,底板岩层没有发生变化,钻孔注(放)水量不发生变化。当孔的位置位于超前支撑压力区时,而由采动影响引起的矿山压力很大,底板岩层就会被压密,钻孔单位时间的注(放)水量会略有减少。如果矿山压力小,也可能不发生变化。当钻孔的位置位于剪切带和膨胀带时,底板岩层遭受破坏,这时钻孔的注(放)水量会增大。如矿山压力小,底板没有遭受破坏,注(放)水量也不会发生变化。因此,通过采动过程中不同深度钻孔单位时间注(放)水量的变化和水文地质条件的综合分析,就可以知道采动影响引起的煤层底板破坏深度。

目前注水法基本摒弃了原来的钻孔底部留 2 m 裸孔段作注(放)水观测点,因为其为点式间断观测,难以确切反映底板采动破坏的变化形态和破坏深度,而采用了前端泄漏式多回路钻孔注(放)水系统,其原理是在井下打一任意倾角的上向或下向钻孔,然后进行微分式分段注(放)水。由于封隔与注(放)水回路各自独立,并可让仪器前端的涌水泄漏出来,避免了其干扰,因而可根据注(放)水量精确判定底板采动破坏深度。

(2) 优缺点

优点:方法简便,真实地反映了底板岩层的破坏情况,能得出底板破坏深度最可靠的数据,是底板破坏深度观测最可靠、最有效的方法。

缺点:① 观测钻孔工程量较大,观测费用高;② 钻孔维护困难,岩层被采动矿压破坏后难以保持钻孔的完整性,影响后面的观测;③ 受地质构造和底板变形影响,不良钻孔注水量变化可能不能正常反映底板破坏情况。

8.3.1.2　电磁波法

(1) 方法原理

电磁波法也叫无线电波透视法。用电磁波法进行孔间岩体的透视测量时,在一个孔中放置发射探头和发射天线,发射某一频率的电磁波,在另一孔中放置接收探头和接收天线,接收来自发射天线并穿过孔间岩体的电磁波。不同类型的岩体对电磁波的吸收不同,低阻的金属矿体或存在其他低阻体时,电磁波的一部分或大部分被吸收。在均匀无限介质中吸收系数为 b,与介质的导电率 σ 介电常数 ε、导磁率 μ 和测量角频率 ω 有如下关系:

$$b = \omega \sqrt{\mu_\varepsilon} \sqrt{\frac{1}{2}\left[\sqrt{1+\left(\frac{\sigma}{\varepsilon\omega}\right)^2}-1\right]}$$

在一般情况下,非磁性岩石的 $\mu \approx 1$。当频率一定时,b 仅是电阻率 ρ(或导电率 σ)和介电常数 ε 的函数。在低频测量时,岩石的 ε 变化不大,故 b 的值主要随着电阻率 ρ 的变化而变化。介质电阻率减小,衰减指数 b 随之增加,电磁波通过介质时被吸收的多,故在接收点接收的强度较低。反之,介质电阻率增加,衰减指数 b 随之减小,接收强度增大。

同一类型的岩体破坏松动后,由于裂隙、结构面对无线电波的反射、折射、散射作用,将使其接收强度比产生裂隙前的低。尤其是裂隙充水时,对电磁波的吸收作用加大,接收的强度比产生裂隙前的变得更低。如果裂隙较大且不充水,由于空气对电磁波的吸收比岩石小得多,这时将出现比产生裂隙前高得多的接收强度。因而,此种方法通过对采动前、后接收到的电磁波强度的对比与分析,可以确定由于煤层采动引起的底板破坏深度。

(2) 优缺点

优点:方法简单,施工简便且工程量不大,数据观测不受采动的影响,能很好地得到底板破坏深度的数据。

缺点:① 井下干扰问题比较严重;② 重复测量时数据有较大的摆动;③ 测定范围有限制。

8.3.1.3　钻孔声波法

(1) 方法原理

声波探测技术是利用频率很高的声波和超声波作为信息载体对岩体进行探测的一种方法。由于声波或超声波的频率高、波长短,因此分辨率很高。对于声波测量来说,大多数岩

石都近似服从弹性理论的胡克定律。在均匀并且各向同性的弹性介质中,可导出波传播速度公式:

$$v_p = \sqrt{\frac{E(1-v)}{\rho(1+v)(1-2v)}}$$

$$v_s = \sqrt{\frac{E(1-v)}{2\rho(1+v)}}$$

其中,E 为弹性模量;v 为泊松比;ρ 为岩体密度。

从上述公式可知,波在岩体中的传播速度与岩石的弹性模量 E、泊松比 v 以及岩体密度 ρ 有关。岩石由于成因不同、矿物成分不同、地质年代不同,致使其岩性千差万别,即使岩性相同的岩石也可能显示出不同的力学性质。各种岩石的弹性模量 E、泊松比 v、岩体密度 ρ 等均不同,因此各种岩石的声波速度是不同的。

实践证明,超声波在非均匀岩体中传播时,除能量被吸收消耗外,在不同的结构面上由于波的绕射等的影响,波的传播速度发生变化。在节理与裂隙不发育、孔隙率小、风化程度低、完整坚硬的岩石中声波传播得快;反之,在软弱、破碎、风化松散的岩体中声波传播得慢。

岩体受力状态不同时,波速也发生变化,岩体受压缩时波速快,膨胀时波速慢。

利用声波在岩体中传播的特征可以探测采煤工作面推进过程中底板受力情况和破坏深度。采煤工作面推进的前方由于受超前支撑压力,底板是压缩区。基本顶没有冒落,沿走向方向大约一个周期来压步距的地区是膨胀区,而后面已冒落的地区是压缩区。在压缩区与膨胀区的分界面处为一剪切面。在采面前方的压缩区,由于应力增高底板原有裂隙被压密,这时声波速度应比原来升高。膨胀区底板岩层发生底鼓,岩层出现层间裂隙,尤其是在剪切面处由于受剪切力比较大,是底板岩层破坏最为严重的部位,故剪切带和膨胀区波速应比原来大大降低。后方冒落压实的压缩区,层间裂隙又被压密,岩石声波速度又相应升高。在采煤工作面推进过程中,煤层底板中任何一点都要先后经压缩—膨胀—压缩这样一个过程。也就是说,在底板破坏深度的范围内任何一点的波速都要出现升高—降低—升高的变化。

从以上声波在岩体中传播的特征和煤层底板在采动过程中的受力状态和破坏可知,原岩岩性和原始结构状态不同,声波速度不同,受采动影响后,岩体的受力状态发生变化和岩体遭受破坏,声波速度也将发生变化。利用采动前后多次重复观测,对比采动前后声波速度的变化,可消除原岩岩性、结构差异影响,突出采动影响。在底板不同的深度处,凡是波速有升高—降低—升高变化者为采动影响深度;没有上述变化者,都是没有受采动影响的深度。

(2)优缺点

优点:能够取得底板破坏深度的充分证据;施工和测量比较方便,工程量小。

缺点:① 钻孔护壁困难,受采动影响时易坍塌;② 波的初至时间不容易卡准,误差较大;③ 重复观测的误差比较大,重复测量时定位不准;④ 探头在孔中容易偏离轴心。

8.3.1.4 震波 CT 技术

(1)方法原理

震波 CT 技术是利用地震波在不同介质中传播速度的差异,通过在探测区域内构成切面,根据地震波信号初至时间数据的变化,利用计算机通过不同的数学处理方法重建介质速度的二维图像。通过这种重建的测试区域地震波速度场的分布特征,来推断剖面介质的精细构造及地质异常体的位置、形态和分布状况,如图 8-8 所示。

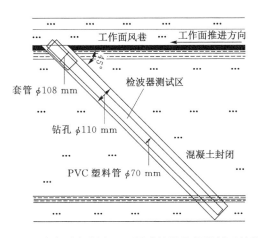

图 8-8　底板破坏深度 CT 测试钻孔及探测剖面结构图

根据一定的观测系统,获得地震波到时数据并进行慢度 $s(x,y)$ 或速度 $v(x,y)$ 分布反演,其中 $v(x,y)=1/s(x,y)$。假设地震波的第 i 个传播路径为 l_i,其地震波初至时间为 t_i,则 $t_i=\int_{l_i} s(x,y)\mathrm{d}s$,$\mathrm{d}s$ 为弧长微元。通常在速度场变化不大的情况下,可近似把射线路径作为直线求解,这样 t_i 为已知,从而可反演速度值。对速度场图像重建,可使用反投演法(BPT 法)计算出迭代初值,采用算术迭代法(ART 法)和联合迭代法(SIRT 法)进行终值迭代。通过对比研究发现,弯曲射线追踪震波到时要比直射线追踪更趋于实际值,又由于 SIRT 法收敛速度较快,而且对投影数据误差的敏感度小,因此多选取弯曲射线线性插值法进行时间追踪和 SIRT 法反演结果作为震波 CT 的图像。

由于地震波在介质中传播时,携带大量的地质信息,通过波速、频率及振幅等特性表现出来,其中地震波速度与岩体的结构特征有着显著的相关性。通常,不同岩性中地震波的传播速度是不同的,即使是同一岩层,由于其结构特征发生变化,其波场分布也表现出不同的特征图像。煤层开采后底板岩层破坏检测正是基于此原理,正常岩体其波速值与破裂岩体的波速值存在一定的差异性。因此,通过钻孔与巷道之间所组成的测试区域内煤岩体不同时间速度场图像重建,结合已有的底板地质资料可进行断裂破坏、裂隙等具体特征判定。由于钻孔可以深入至采煤工作面塌陷区域内部,其检测结果具有绝对的可靠性。

(2)优缺点

优点:震波 CT 反演图像重建中分带性特别明显,岩层结构破坏及裂隙发育清晰易辨,可动态观测底板破坏规律,且探测具有针对性,精度满足生产要求,是一种有效的探测技术。

缺点:① 钻孔密封问题不好解决,测试时间不易掌握;② 数据采集时套管对震波容易产生影响,井下各种人文设施也容易对探测波有影响。

8.3.1.5　超声成像法

(1)方法原理

超声成像法是将超声成像探管的转换器在井下不断旋转,向孔壁发射超声波,并在发射间歇期接收孔壁发射的回波信号;该信号与孔壁岩层的结构情况有关,完整岩层反射信号既强又均匀;裂隙处反射信号则很弱,反射信号经转换显示在孔口仪器荧光屏上,由自动摄像机拍摄下来,冲洗后即为整个钻孔壁的展开图照片。对开采的整个过程中的全程图片进行分析,可以得出工作面开采前后底板岩层的破坏情况;对不同深度的钻孔进行综合分析,得到底板破坏深度的有效数据。由于超声波有较强的穿透能力,可在泥浆浓度不太大的钻孔中探测。

（2）优缺点

优点:超声成像探管精度较高,观测比较简便,易于操作。

缺点:① 钻孔护壁困难,受采动影响后重复测量难度较大;② 钻孔周围有水,孔内泥浆浓度太大时影响观测成像的效果。

8.3.1.6 应力应变技术

（1）方法原理

应力应变技术是在工作面运输巷开采前后的底板应力变化最大的位置向工作面内煤层底板施工倾斜钻孔,在孔中安装应力应变探头(图 8-9),并在孔中用电缆引出,在巷道内用应力应变仪进行测量开采前后底板岩层的应力应变的变化情况,通过反演分析得出底板破坏深度的有效数据,指导煤炭回采工作中的防治水工作。

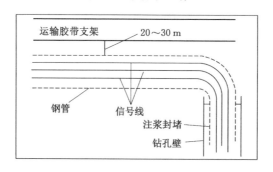

图 8-9　应力应变观测布置图

（2）优缺点

优点:方法简便可行,操作简单,工作量较小,应力应变探头和电缆安装完毕后不受采动影响,重复测量比较方便。

缺点:① 探头容易被压死,测量时无数据;② 信号线容易被破坏,不利于长时间的重复观测;③ 受采动影响,钻孔错动时容易导致探头和电缆之间接触不良。

除以上六种方法外,还有顶底板相对移近量和单体支柱压力、钻孔相对地应力测量和声波大地电场法等多种方法,但由于其各自适用的局限性,均不能得到普遍的推广应用。底板破坏深度和原始导升带高度的测量是深部开采指导防治水工作的重要环节,原始导升带高度在同一煤田基本一致,但是对于底板破坏深度,由于其和工作面开采参数有极大的关联,在相邻井田矿区中借鉴难度比较大,对于有承压水突出危险的采区工作面,都应实际观测,推导出有效隔水层厚度,从而制定出切合实际的回采计划和技术措施。

整个华北地区下组煤的开采均受到奥陶系灰岩承压水的威胁,对于正在开采和即将开采下组煤的矿井,井田采区地质构造的差异性使得工作面回采过程中,底板破坏深度可能有很大的差异性。建议各大煤炭企业针对目前集团的整体煤炭回采情况,与高校、研究院等研究机构联合,探讨出适合本煤田矿井采区的底板破坏深度观测方法,根据地质情况和观测方法的适用性,得到真实有效的底板破坏深度,留设适当尺寸防水煤柱,在保障工人人身安全的前提下,最大限度地减少煤柱尺寸,杜绝煤炭浪费现象,提高煤炭资源的回采率。

8.3.2　直流电法观测理论和方法

8.3.2.1　煤层底板采动破坏的"下三带"形态

煤层在开采过程中,由于受采动影响,底板岩层存在"下三带",从煤层底板至含水层顶板分别为底板导水破坏带(h_1)、有效保护层带(h_2)、承压水导升带(h_3),如图 8-10 所示。

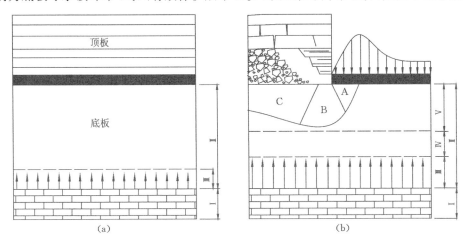

图 8-10　工作面推进过程中底板破坏情况示意图
(a) 工作面未开采;(b) 开采进行中

第Ⅰ带(h_1)——底板导水破坏带:煤层底板受采动矿压作用,岩层连续性遭受破坏,其导水性因裂隙的产生而明显改变。自开采煤层底板至导水裂隙分布范围最深部边界的法线距离称为"导水破坏带深度",简称"底板破坏深度"。

第Ⅱ带(h_2)——有效保护层带(完整岩层带或阻水带):是指底板保持采前的完整状态及其原有阻水性能不变的岩层。此带位于第Ⅰ、Ⅲ带之间。此带岩层虽然受矿压作用影响,或许有弹性甚至塑性变形,但其仍保持采前岩层的连续性,其阻水性能未发生变化,而起着阻水保护作用,故称其为有效保护层带或阻水带。为安全起见,将第Ⅰ带下界面、第Ⅲ带上界面之间的最小法线距离称为保护层厚度。

第Ⅲ带(h_3)——承压水导升带:承压水可沿含水层上覆岩层中的裂隙导升,导升承压水的充水裂隙分布的范围称为承压水导升带。其上部边界至含水层顶面的最大法线距离称为含水层的原始导升高度。

煤层开采过程中底板在任何情况下都会产生破坏,即第Ⅰ带导水破坏带是一定存在的,而其他两带可能缺其一二。其中第Ⅱ带,即有效保护层带对预防底板突水至关重要,其存在与否及其厚度(阻水性强弱)是安全开采评价的重要因素。

在同一井田范围内地质条件差别不大的情况下,工作面底板承压水导升带高度基本是不变的,而在不同的矿井,导水破坏带则受工作面长度、开采方法、煤层厚度及倾角、开采深度、顶底板岩性及结构的影响有很大的差别。底板导水破坏带的获取方法主要有四种:① 现场试验观测法;② 室内模拟实验观测法;③ 经验公式法;④ 理论公式计算法。

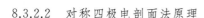

8.3.2.2 对称四极电剖面法原理

本次采用的底板破坏深度观测方法为矿井直流电法中的矿井对称四极电剖面法。

按照工作原理,矿井直流电法可分为矿井电剖面法、矿井电测深法、巷道直流电透视法、集测深法和剖面法于一体的矿井高密度电阻率法、直流层测深法和直流电法超前探等。

矿井电剖面法是研究沿巷道方向岩体电性变化的一种灵活而有效的方法,其特点是在测量过程中电极间距保持不变,同时沿测线逐点测量视电阻率值。由于电极间距不变,沿测线方向矿井电剖面法顺层(或垂直层面)的探测范围大致相等,因此所测得的 ρs 剖面曲线是测线方向上一定勘探体积范围内介质电性变化的综合反映。

电剖面法的主要形式有对称联合剖面法、四极剖面法、偶极剖面法和中间梯度法等。联合剖面法较其他剖面法能提供更为丰富的地质信息,具有分辨能力强、异常明显等优点,因此在水文调查中获得了广泛的应用;但联合剖面法还有无穷远极,装置笨重,受地形影响大等缺点。

在矿井中进行对称四极电剖面法观测,供电电极 A、B 和测量电极 M、N 布置在同一巷道剖面中,且保持电极距不变,使得电流场分布范围基本不变,逐点观测 ΔU 和 I,然后计算视电阻率。装置沿巷道移动时,巷道影响为常数,因此其视电阻率剖面曲线反映了沿巷道方向测线附近电性的横向变化。如果对称于测点再布设一对供电电极 A' 和 B',且 $A'B' >$ AB,于是在一个测点便可获得两种不同深度地电特性的测量结果,后者也称为复合对称四电极剖面法。

根据场的叠加原理容易证明,对称四极电剖面法的测量结果和相同极距联合剖面法的测量结果存在以下关系,即:

$$\rho_{s}^{AB} = \frac{1}{2}(\rho_{s}^{A} + \rho_{s}^{B})$$

上式表明,对称四极电剖面法视电阻率曲线等于相同极距联合剖面曲线的平均值。这样,我们便无须专门计算对称剖面法的理论曲线,只要取联合剖面法 ρ_{s}^{A} 及 ρ_{s}^{B} 曲线的平均值便可以得到相应地电断面上对称剖面的理论曲线,对称剖面曲线的异常幅度和分辨能力均不如联合剖面曲线。对称四极电剖面法不需要无穷远极,工作轻便,效率高,在水文及工程地质调查中探查基岩起伏、构造破碎带及高阻岩脉等有很好的效果。

矿井对称四极电剖面法仍属于视电阻率法的范围,其根据工作面回采前后底板岩层视电阻率的变化判断底板岩层的破坏情况,从而确定采动矿压引起的底板破坏深度。

底板岩层未受采动矿压影响处于原岩状态,通过观测得到岩层视电阻率的初始背景值;若观测区域内无构造扰动,同一层位测得的视电阻率剖面曲线基本为直线,其数值为原岩视电阻率值。工作面向前推进,底板岩层由于受支承压力作用而破碎,电极电缆周围的岩层被破坏,若岩层破坏后裂隙内未充水,电极测量得到的视电阻率将明显变大;若岩层破坏后裂隙内被水充满,电极测量得到的视电阻率将急剧减小,因此得到底板岩层破坏后的视电阻率值曲线与原始视电阻率曲线相比具有明显的拐点。采煤工作面继续推进,底板岩层受到的支承压力逐渐减小并趋于稳定,底板破碎岩层在顶板冒落矸石重力作用下被压实,电极测得岩层视电阻率将略有变化。在工作面整个回采过程中,底板岩层初始视电阻率值比较稳定,受采动影响底板岩层破碎区域视电阻率值急剧变化,工作面采过之后破碎岩层视电阻率值将略有变化并逐渐趋于稳定。

矿井直流电法观测得到的底板岩层视电阻率数值,从直流电法观测的角度而言,其数据结果具有多解性。直流电法所测得的视电阻率剖面曲线是在测线方向上一定勘探体积范围内介质电性变化的综合反映,针对底板破坏深度而言,其数据揭露的结果是测线垂直剖面内在测线垂直方向上部或下部的两种结果。在特定的煤层赋存地质条件下,工作面回采过后底板岩层形成马鞍形破坏区域形态是一定的,其最大破坏深度也会稳定在一定的范围内。因此,为了针对性地解决直流电法数据多解性问题,本次观测采用改变供电极距的办法,分别采取单倍距、双倍距和三倍距在同一时期内重复观测底板岩层的视电阻率,获取底板破坏深度的唯一解。

本次测试采用的是 WDJD—3 多功能数字直流激电仪,如图 8-11 所示。该仪器广泛应用于金属与非金属矿产资源勘探、城市物探、铁道桥梁勘探等方面,亦用于寻找地下水和确定水库坝基与防洪大堤隐患位置等水文工程地质勘探中,还能用于地热勘探。

图 8-11 WDJD—3 多功能数字直流激电仪

此次底板破坏深度观测采用的对称四极电剖面法有极佳的优点。钻孔在采前施工并且安装电极电缆后可封孔,不会形成导水通道,特别适用于突水系数较高的工作面。可以在任何工作面布置测站,一般一个测站可布置 1～2 个钻孔。本次 11050 一次采全高工作面底板破坏观测选定在工作面运输巷已有 19 号注浆钻场(距离 11050 工作面开切眼 245 m 处)。在钻场内布置一个底板破坏深度观测钻孔(命名为 ZK_1),钻孔俯角为 43°,方位角为 98°。钻孔施工完毕之后利用 ϕ25 mm 塑胶管作为伴管和持力管将电极电缆送入孔中,待电极电缆送到钻孔内部预定位置之后可采用高压注浆封孔,注浆材料采用本矿底板注浆材料。注浆能使电极电缆很好地与底板岩体相接触,可减少因接触不良而导致出现异常点。数据观测使用先进的电法仪自动监测数据,操作简单,仪器携带方便,受周围环境影响较小,误差小。观测电极不易受采动矿压影响,电极与岩石接触良好,能够真实反映岩层破坏情况。钻孔周围岩层破坏后对数据观测影响不大,易于重复观测。电极电缆埋设在底板岩层中,能在回采全程中监控底板岩层视电阻率的变化,间断性重复采集工作面推进过程中底板岩层视电阻率数据并进行分析,得到底板岩层在回采过程中的破坏规律及底板岩层最大破坏深度数值。同时,观测准备工程量小,节省资金,并且观测成功率大,易保证观测成果。

8.3.3 底板破坏深度观测与结果分析

8.3.3.1 观测孔的布置

为了分析采高对底板破坏深度的影响,在 11050 和 11011 两个不同采高的工作面底板布置钻孔对底板破坏深度进行实测。实测采用直流电法中的矿井对称四极电剖面法,根据工作面回采前后底板岩体视电阻率值的变化判断采动引起的底板破坏深度。

为了完全测出底板破坏的实际深度,在两个工作面底板施工 2 倍左右破坏深度的钻孔,将专门电缆电极埋入钻孔并注浆封孔。11050 工作面 ZK_1 观测孔和 11011 工作面 ZK_2 观测孔中电缆长度分别为 70 m 和 66 m,电缆有 40 个电极,电极间距为 1.5 m。其他参数及观测时工作面推进位置如图 8-12 所示。

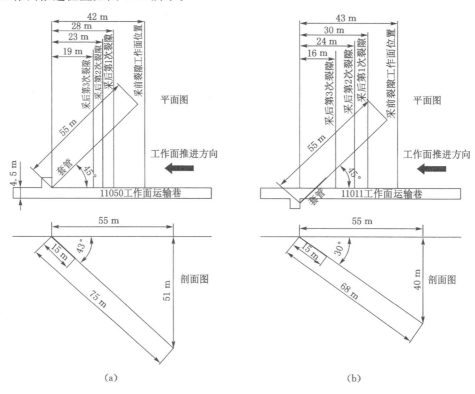

图 8-12　观测孔平、剖面图和观测位置

(a) ZK_1 钻孔;(b) ZK_2 钻孔

8.3.3.2 观测结果分析

采用 WDJD—3 多功能数字直流激电仪观测采动前后底板岩体视电阻率变化情况。为了解决直流电法数据多解性问题,观测采用改变供电极距的办法,分别采取单倍距、双倍距和三倍距在同一时期内重复观测底板岩层的视电阻率,以获取底板破坏深度的唯一解。电剖面法实测数据结果如图 8-13 所示。

不同倍距观测时,视电阻率波动幅度状态相似。工作面回采后底板的视电阻率与采前相比明显增大,主要是由于底板在高水压作用下及受采动动压的影响发生破坏,产生裂隙。

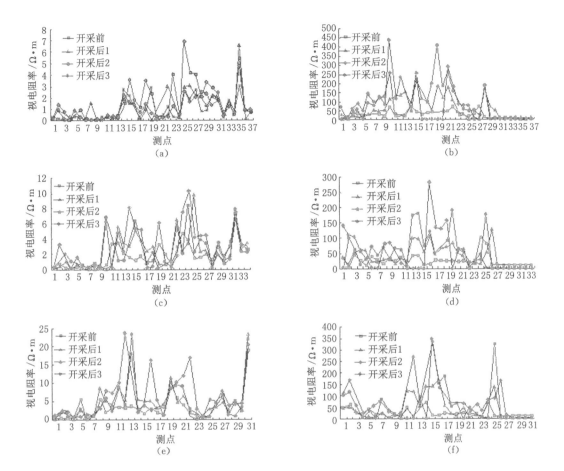

图 8-13 电剖面法测量数据曲线图

(a) ZK$_1$ 钻孔单倍距；(b) ZK$_2$ 钻孔单倍距；(c) ZK$_1$ 钻孔双倍距；

(d) ZK$_2$ 钻孔双倍距；(d) ZK$_1$ 钻孔三倍距；(f) ZK$_2$ 钻孔三倍距

部分测点位置底板破坏裂隙充水，视电阻率相对减小。ZK$_1$ 钻孔 31 测点和 ZK$_2$ 钻孔 27 测点采后视电阻率与采前相比基本保持不变，分析认为该测点为底板破坏深度最大位置。工作面底板破坏深度公式预计与实测结果见表 8-4。

表 8-4 底板破坏深度结果汇总表

工作面	底板破坏深度预计 / m			采高/m	实测值/m
	公式(1)	公式(2)	公式(3)		
11050	21.43	20.12	19.30	5.8	34.8
11011	21.60	20.12	19.30	3.6	25.8

不考虑采高影响时，11050 和 11011 两个工作面的底板破坏深度计算结果基本一致。11011 工作面采深比 11050 工作面大，用公式(1)计算得到的底板破坏深度大，但随着采高的减小，底板破坏深度明显减小，表明其受采高影响大。采高为 3.6 m 时，实测底板破坏深

度为 25.8 m,比原经验公式预计值大 19.44%～33.68%;采高为 5.8 m 时,实测值为 34.8 m,比原经验公式预计值大 62.39%～80.31%;根据实测值,工作面采高增大 61.11%,底板破坏深度增大约 34.88%,与模拟预测结果接近。其他影响因素相同时,随着采高的增大,原经验公式计算结果与现场实测结果差异较大,底板破坏深度增加明显,原经验公式不再适用。

9　矿井防治水保障技术措施

9.1　封闭不良钻孔的井下防治

井田内的封闭不良钻孔主要有 7307、7501、7801、8001、8004、8006 等孔,容易导致各岩溶含水层发生水力联系,并成为矿床充水的通道,开采过程中应特别予以注意。在这些封闭不良钻孔附近进行采掘活动时,要提前用钻探的方法进行检查,并根据检查结果采取相应的处理措施,如对封闭不良的钻孔进行重新封孔或进行注浆加固。

勘探阶段施工的 12800 孔为水文钻孔,由于套管在 363.06 m 处断开,致使孔内残留套管 354.97 m。尽管二$_1$煤层下部含水层及套管内全部被封死,基岩风化带及新生界底部封好,但二$_1$煤层上部孔壁与套管间封闭效果无法评价。故在开采过程中,当巷道开掘到该钻孔附近时,要留防水煤柱或进行注浆加固,同时加强井下探放水工作,防患于未然。其他按要求封闭合格的钻孔,也要提前用钻探的方法进行检查,以便对钻孔封闭情况进行正确评价和采取措施。目前,已经对可能影响生产的 7307 不良钻孔,采取注浆加固的方法进行了封闭。

9.1.1　7307 钻孔情况及处理目的

7307 钻孔是 20 世纪 70 年代施工的地面勘探钻孔,位于 11011 综采工作面切眼东北 98 m,回风巷下部 30 m。赵固二矿勘探报告显示该孔为封闭不良钻孔,且切眼东南部 200 m 为 F$_{18}$断层,该断层落差为 730 m,为防止第四、三系和二$_1$煤层底板水通过钻孔在回采期间涌入工作面,影响生产,必须对此钻孔进行处理。

通过现场工作,要达到以下目的:

① 探清煤层以上 70 m 范围内钻孔是否封闭,是否导水。

② 注浆加固 7307 钻孔周围二$_1$煤层顶板 70 m 和二$_1$煤层下垂距 72 m 范围内所有岩层,增加隔水能力。

③ 通过注浆加固提高 7307 钻孔周围岩石抗压强度。

9.1.2　注浆钻孔的设计

9.1.2.1　钻场的布置

利用 11011 工作面内的上内 19 号和上外 20 号钻场作为本次注浆加固钻场。

9.1.2.2　钻孔的布置

钻场内各设计 1 个钻孔,终孔位置控制在钻孔附近二$_1$煤层顶板垂距 70 m 和二$_1$煤层下垂距 72 m 处。

9.1.2.3　钻孔参数

① 上内 19 号钻场：1# 方位 172°，倾角 51°，孔深 90 m。

② 上外 20 号钻场：2# 方位 251°，倾角 −44°，孔深 105 m。

9.1.2.4　钻孔设计的原则

设计两孔均为检验孔，实际钻进中根据钻孔揭露水文情况决定是否再增加新孔。

9.1.3　技术要求

9.1.3.1　遇水注浆

钻进期间遇水即注浆。

9.1.3.2　钻孔结构及要求

（1）顶板孔

一级套管直径 φ127 mm，下设 10 m，套管用水泥浆固结，扫孔后进行耐压试验，终压达到 8 MPa，最后用 φ75 mm 钻头钻进至终孔。

（2）底板孔

一级套管管径 φ127 mm，下设 15.5 m，管内注入水泥固管，耐压试验 10 MPa，持续 30 min；二级套管管径 φ108 mm，下设 24 m，管内注入水泥固管，耐压试验 15 MPa，持续 30 min；三级套管管径 φ89 mm，下设 37 m，管内注入水泥固管，耐压试验 15 MPa，持续 30 min；最后用 φ75 mm 钻头钻进至终孔。

9.1.3.3　注浆要求

（1）注浆方式

采用地面注浆和井下注浆相结合的注浆方式。

（2）注浆材料

注浆材料用 425# 普通硅酸盐水泥制成的纯水泥浆。

（3）注浆压力

顶板孔注浆压力控制在 8 MPa 以内；底板孔一级套管注浆压力控制在 10 MPa 以内，二级和三级套管及终孔注浆终压控制在 15 MPa 以内。

（4）浆液配比

水泥浆比重控制在 1.1～1.2。

9.1.3.4　预注浆要求

① 预注浆：钻孔揭露含水层前，钻进施工过程中如有钻孔出水现象，必须见水即注，以封闭钻孔周围裂隙；坚决杜绝有水仍然钻进的施工方式。

② 固管前预注浆：为保证固管效果，防止固管时孔口周围出现渗漏现象，底板孔下二级、三级套管前必须进行预注浆，下二级套管前预注浆压力为 10 MPa，下三级套管前预注浆压力为 15 MPa，以封闭孔周围岩层裂隙，确保固管质量；预注浆时应首先采用水灰比为 1∶0.3 的比例，之后根据进浆和压力情况可适时地将水灰比增加至 1∶0.7。如果压力仍然不够，可将水灰比调至 1∶1，直至达到注浆压力。

9.1.3.5　底板孔注浆固管

① 下入二级、三级套管之前须按前述方法进行预注浆工作，要求单液水泥浆先稀后浓，

预注浆终压达到要求。

② 下入二级、三级套管前如钻孔内有涌水,则必须先进行预注浆封水,且不准下套管。

③ 预注浆结束,待水泥凝固 24 h 后,再扫孔到孔底,进行压水试验,扫孔试压合格、孔内无水时再下套管,然后装上注浆盖向孔内注入水灰比为 1∶1.5 的单液水泥浆,待套管外壁反出浓浆后方可停注。

④ 固管注浆采用单液水泥浆,水泥采用新鲜的 P.O 42.5R 普通硅酸水泥,浆液水灰比选用 1∶0.3、1∶1.5 两个级配,施工时可根据情况适当增大浆液浓度,以保证固管质量。

⑤ 各级套管耐压试验标准

根据本次施工目的,一级套管耐压试验压力不小于 10 MPa,二级、三级套管耐压试验压力不小于 15 MPa,均稳定 30 min,孔口周围不漏水、套管不活动为合格,否则需重新注浆固管,直至耐压试验合格。

⑥ 三个级别的套管法兰盘要固定在一起使用,以保证高压注浆时套管的强度,防止高压注浆时将套管拉断。

9.1.4 封闭效果

7307 封闭不良钻孔工程固管、封孔共用水泥 11.01 t,注浆终压为 14～15 MPa。其中,1# 孔出水量为 0.3 m³/h,注水泥 4.59 t;2# 孔出水量为 1.5m³/h,注水泥 7.41 t。本次封闭 7307 不良钻孔工程施工严格按设计进行,注浆压力和浆液配比符合设计要求,注浆封水效果明显,注浆质量合格,达到设计要求和目的,并保证了矿井的安全生产。

9.2 避水灾巷道的防护措施

9.2.1 巷道的防冲防倒装置

事故实例表明,有些工作面发生大型突水时,巷道支护材料的倒塌和堆积,阻碍了人员撤离。为防止工作面或者掘进工作面发生突水时,突出来的水将巷道中的单体液压支柱冲倒,根据需要研发了单体液压支柱连锁防倒装置。

煤矿井下时常发生单体液压支柱因泄压或其他原因引起的支柱卸载歪倒事件。现有技术中,工作面单体液压支柱防倒普遍采用防倒链、尼龙绳捆扎柱头等方式,操作麻烦,紧固性差,安全系数小,支柱一旦歪倒,易造成伤人事故,起不到有效的防倒效果,无法满足矿井安全生产需要。

以焦作煤业(集团)赵固二矿 11011 工作面胶带巷、回风巷为例,巷道长度均在 2 200 m 以上,两巷的单体支柱最多可达到 7 000～8 000 根,如此多的单体支柱,虽然可以有效支护巷道,防止巷道底鼓与顶板下沉,但也会因单体支柱各部件老化损坏、外部施工时无意碰撞或巷道压力突然增大损坏单体支柱。另外,现使用的单体支柱普遍较高(最低为 3.15 m),单体柱突然倒下时力量较大,传统的防倒链因链条强度、防倒钩强度问题和吊挂不合理等问题不能有效起到防倒的目的,造成极大的安全隐患,给施工人员与设备的安全管理造成威胁。

针对上述情况,为克服现有技术的缺陷,技术人员研发了一种单体液压支柱连锁防倒装置,可有效解决现有煤矿用液压支柱使用麻烦、使用效果不好而存在安全隐患的问题。其解决的技术方案是:钢丝绳的一端经滑轮固定在紧绳器上,紧绳器装在端部的单体液压支柱上,另一端经固绳器固定在紧绳器相对应的另一端的单体液压支柱上,中间的单体液压支柱上有防倒钩,钢丝绳经防倒钩与单体液压支柱固定在一起。该装置结构简单,使用方便,是单体液压支柱防倒装置上的创新。

图 9-1～图 9-3 分别为新型紧绳器的主视图(放大图)、新型紧绳器的右视图(放大图)和该装置的使用状态图。

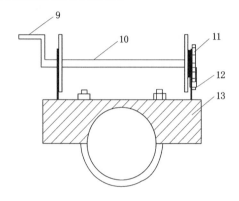 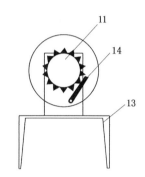

9—摇臂;10—滚筒;11—齿轮;12—磕头闸卡簧;13—槽钢。

图 9-1　紧绳器的主视图

11—齿轮;13—槽钢;14—磕头闸。

图 9-2　紧绳器的右视图

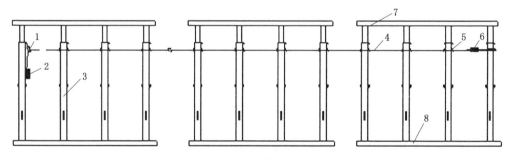

1—滑轮;2—紧绳器;3—单体液压支柱;4—钢丝绳;

5—防倒钩;6—固绳器;7—Ⅱ形钢梁;8—工字钢。

图 9-3　紧绳器的使用状态

为了保证使用效果,所说的紧绳器包括滚筒和槽钢,槽钢上装有 U 形卡,槽钢的支架上装有滚筒,伸出支架的滚筒的一端有摇臂,另一端有齿轮,支架上有与齿轮啮合的磕头闸,磕头闸上有磕头闸卡簧。

单体液压支柱上端有Ⅱ形钢梁,下端有工字钢。使用时,首先将紧绳器固定在需要防倒的单体液压支柱端头的一根单体液压支柱的合适位置,然后将滑轮和每个防倒钩固定在单体液压支柱的同一高度位置上,把缠绕在紧绳器滚筒上的钢丝绳经过滑轮逐个穿过每根单体液压支柱上面的防倒钩,在最后一根单体液压支柱上用固绳器将钢丝绳固定,最后摇动摇臂,把钢丝绳拉紧,从而起到单体液压支柱整体防倒的作用。

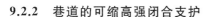

9.2.2 巷道的可缩高强闭合支护

在工作面出现大量涌水,巷道底板岩石和碎煤被冲走,沉积到巷道的低洼处,易堵塞避灾线路,为此结合围岩特性,研究采用可缩高强闭合支护。

9.2.2.1 巷道支护情况

由于回风斜巷处在构造破碎带中,岩层中裂隙十分发育,极易冒落。掘进时岩层被揭露后,在短时间内就会风化、崩解,加上巷道围岩不断蠕动、变形,引起巷道中围岩破碎范围不断扩大,使巷道围岩变形进一步扩大。

一次支护后,巷道围岩变形逐步呈现出来,一般 5 d 左右出现浆皮开裂,顶板下沉,产生网兜等现象,局部地段出现底鼓,有时顶板下沉速度非常快,可在巷道围岩变形严重的时间段过后进行二次支护。二次支护采用 12# 工字钢加工的支架。有时巷道围岩吸水后膨胀力大,造成工字钢弯曲变形,使支架失去支撑作用。对这类地层要及时在巷道两帮打上锚索,拉住工字钢支架腿,以减少其变形。待变形稳定后再将变形的工字钢支架换下。

巷道底板破碎,严重底鼓,是矿压显现出来的重要特征。巷道底鼓说明底板岩石发生剪切破坏和滑移,形成塑性流动,严重时会导致底板 L_8 灰岩水涌出。另外,一旦工作面突水,底板岩石易被冲走,影响避灾路线。因此,二次支护采用底拱封底,底拱封底也增加了两帮的支撑力,减少了巷道两帮的移进和变形。实际施工中,一般采用双层工字钢加工的底拱,其抗压强度成倍增加。

9.2.2.2 工字钢连接装置

矿用工字钢拱形支架主要用于高应力软岩巷道的支护,其由多根工字钢通过连接件连接固定而成,耐动水冲击性不佳。要实现巷道的高强度闭合支护,必须将矿用工字钢紧紧固定。

现有的工字钢的可缩性连接装置,一种是采用"U"形卡缆连接,另一种是"U"形卡块。卡缆由两部分构成:一部分由钢板压制而成的两侧带连接板的凹形板,另外一部分为钢筋压制成的"U"形环,"U"形环的两头加工有螺纹,用螺帽紧固,两者配合使用,但是使用这种连接在支护后期没有锁紧、定位效果,承载力量小,随着支架受力的增大,"U"形环容易损坏,安装时螺母紧固比较困难。卡块设计是将工字钢连接端头加工成一斜面,对接后使用 U 形卡块,卡块套在一个工字钢上开口处扣在另外一个工字钢槽内,这种连接装置卡块容易脱落,当支架受到压力时,开口处卡钩容易损坏,因此,矿用工字钢连接装置需要改进和创新。

针对上述情况,技术人员研发了一种新型工字钢连接装置,可有效解决现有矿用工字钢连接装置使用麻烦和使用效果不好的问题。其解决的技术方案是:包括 M 形腹板和 U 形腹板,M 形腹板和 U 形腹板上有对应的多个安装孔,安装孔内有螺栓,将 M 形腹板和 U 形腹板固定在一起。该装置结构简单,使用方便,效果好,是工字钢连接装置上的创新。

图 9-4~图 9-9 分别为连接装置与工字钢连接示意图、连接装置横截面结构图、连接装置的主视图(拿掉螺栓)、连接装置 U 形腹板的俯视图、连接装置 M 形腹板的俯视图和新型工字钢端头结构图。

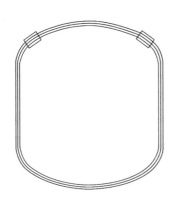

图 9-4　连接装置与工字钢连接示意图

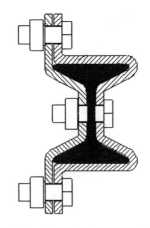

图 9-5　连接装置横截面结构图

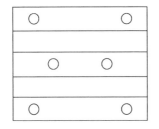

图 9-6　连接装置的主视图（拿掉螺栓）

图 9-7　连接装置 U 形腹板的俯视图

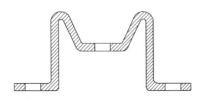

图 9-8　连接装置 M 形腹板的俯视图

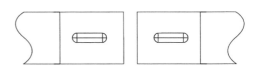

图 9-9　新型工字钢端头结构图

参 考 文 献

[1] 许延春,戴华阳.沉陷控制与特殊开采[M].徐州:中国矿业大学出版社,2017.

[2] 陈胜然.大采高工作面底板注浆加固防治水技术研究[D].北京:中国矿业大学(北京),2014.

[3] 尹立明.深部煤层开采底板突水机理基础实验研究[D].青岛:山东科技大学,2011.

[4] 张文泉.矿井(底板)突水灾害的动态机理及综合判测和预报软件开发研究[D].青岛:山东科技大学,2004.

[5] 牛建立.煤层底板采动岩水耦合作用与高承压水体上安全开采技术研究[D].北京:煤炭科学研究总院,2008.

[6] 李晓军,朱合华.有限元可视化软件设计及其快速开发[J].同济大学学报(自然科学版),2001,29(4):500-504.

[7] 肖同强.深部构造应力作用下厚煤层巷道围岩稳定与控制研究[D].徐州:中国矿业大学,2011.

[8] 张金才,刘天泉.论煤层底板采动裂隙带的深度及分布特征[J].煤炭学报,1990,15(2):46-55.

[9] 国家安全监管总局,国家煤矿安监局,国家能源局,等.建筑物、水体、铁路及主要井巷煤柱留设与压煤开采规范[S].北京:煤炭工业出版社:2017.

[10] 武强.煤矿防治水规定释义[M].徐州:中国矿业大学出版社,2009.

[11] 赵阳升,胡耀青.承压水上采煤理论与技术[M].北京:煤炭工业出版社,2004.

[12] 徐智敏.深部开采底板破坏及高承压突水模式、前兆与防治[D].徐州:中国矿业大学,2010.

[13] 彭苏萍,王金安.承压水体上安全采煤:对拉工作面开采底板破坏机理与突水预测防治方法[M].北京:煤炭工业出版社,2001.

[14] 肖洪天,李白英,周维垣.煤层底板的损伤稳定分析[J].中国地质灾害与防治学报,1999,10(2):33-39.

[15] 魏久传.煤层底板断裂损伤与底板突水机理研究[D].东营:山东矿业学院,2000.

[16] 刘伟韬,武强.范各庄矿 F_0 断层滞后突水数值模拟[J].岩石力学与工程学报,2008,27(S2):3604-3610.

[17] 刘伟韬,武强,顾景梅,等.破碎断层变形破坏过程的试验研究[J].西安科技大学学报,2008,28(2):259-264.

[18] 缪协兴,刘卫群,陈占清.采动岩体渗流与煤矿灾害防治[J].西安石油大学学报(自然科学版),2007,22(2):74-77.

[19] 刘爱华,彭述权,李夕兵,等.深部开采承压突水机制相似物理模型试验系统研制及应用[J].岩石力学与工程学报,2009,28(7):1335-1341.

[20] 刘展.地质工程中的物探方法综述[J].西安工程学院学报,1998,20(S1):25-28.

[21] 于小鸽.采场损伤底板破坏深度研究[D].青岛:山东科技大学,2011.

[22] 王海周.地球物理勘探方法在水文地质工作中的应用[J].河南科技,2012(17):86-87.

[23] 靳德武.我国煤层底板突水问题的研究现状及展望[J].煤炭科学技术,2002,30(6):1-4.

[24] 武强,刘守强,贾国凯.脆弱性指数法在煤层底板突水评价中的应用[J].中国煤炭,2010,36(6):15-19.

[25] 刘树才.煤矿底板突水机理及破坏裂隙带演化动态探测技术[D].徐州:中国矿业大学,2008.

[26] 刘人太.水泥基速凝浆液地下工程动水注浆扩散封堵机理及应用研究[D].济南:山东大学,2012.

[27] 郭惟嘉.矿井特殊开采[M].北京:煤炭工业出版社,2008.

[28] 杨善安.采场底板断层突水及其防治方法[J].煤炭学报,1994,19(6):620-265.

[29] 李彩惠.矿井特大突水巷道截流封堵技术[J].西安科技大学学报,2010,30(3):305-308.

[30] 张高展.新型工业废渣双液注浆材料的研究与应用[D].武汉:武汉理工大学,2007.

[31] 许延春,陈胜然,柳杰,等.焦作矿区底板注浆加固工作面富水性分区及加固效果分析[J].煤矿开采,2013,18(3):110-113.

[32] 李振华.薄基岩突水威胁煤层围岩破坏机理及应用研究[D].北京:中国矿业大学(北京),2010.

[33] 许延春,陈新明,姚依林.高水压突水危险工作面防治水关键技术[J].煤炭科学技术,2012,40(9):99-103.

[34] 白矛,刘天泉.孔隙裂隙弹性理论及应用导论[M].北京:石油工业出版社,1999.

[35] 许延春,李见波.注浆加固工作面底板突水"孔隙-裂隙升降型"力学模型[J].中国矿业大学学报,2014,43(1):49-55.